Modellbasierte prädiktive Kraftregelung beim Fräsen

Model Based Predictive Force Control in Milling

Von der Fakultät für Maschinenwesen
der Rheinisch-Westfälischen Technischen Hochschule Aachen
zur Erlangung des akademischen Grades eines
Doktors der Ingenieurwissenschaften
genehmigte Dissertation

vorgelegt von

Oliver Adams

Berichter:

Univ.-Prof. Dr.-Ing. Dr.-Ing. E. h. Dr. h. c. Dr. h. c. Fritz Klocke
Univ.-Prof. Dr.-Ing. Dirk Abel

Tag der mündlichen Prüfung: 02. März 2016

AF799272

ERGEBNISSE AUS DER PRODUKTIONSTECHNIK

Oliver Adams

Modellbasierte prädiktive Kraftregelung beim Fräsen

Herausgeber:
Prof. Dr.-Ing. Dr.-Ing. E. h. Dr. h. c. Dr. h. c. F. Klocke
Prof. Dr.-Ing. Dipl.-Wirt. Ing. G. Schuh
Prof. Dr.-Ing. C. Brecher
Prof. Dr.-Ing. R. H. Schmitt

Band 29/2016

WZL | RWTH AACHEN UNIVERSITY

Fraunhofer IPT

Bibliografische Information der Deutschen Nationalbibliothek
Die Deutsche Nationalbibliothek verzeichnet diese Publikation in der Deutschen Nationalbibliografie; detaillierte bibliografische Daten sind im Internet über http://dnb.ddb.de abrufbar.

Oliver Adams:

Modellbasierte prädiktive Kraftregelung beim Fräsen

1. Auflage, 2016

Gedruckt auf holz- und säurefreiem Papier, 100% chlorfrei gebleicht.

Apprimus Verlag, Aachen, 2016
Wissenschaftsverlag des Instituts für Industriekommunikation und Fachmedien an der RWTH Aachen
Steinbachstr. 25, 52074 Aachen
Internet: www.apprimus-verlag.de, E-Mail: info@apprimus-verlag.de

Druck: KN Digital Printforce GmbH, Stuttgart

ISBN 978-3-86359-455-8

D 82 (Diss. RWTH Aachen University, 2016)

Vorwort

Die vorliegende Arbeit zur Kraftregelung beim Fräsen entstand während meiner Zeit als wissenschaftlicher Mitarbeiter am Lehrstuhl für Technologie der Fertigungsverfahren am Werkzeugmaschinenlabor WZL der RWTH Aachen.

Herrn Prof. Klocke, Inhaber des Lehrstuhls für Technologie der Fertigungsverfahren am WZL der RWTH Aachen, möchte ich für die Förderung und Betreuung meiner Arbeit herzlich danken. Für die Übernahme des Korreferats möchte ich Herrn Prof. Abel vom Institut für Regelungstechnik IRT der RWTH Aachen meinen Dank aussprechen. Ebenfalls möchte ich mich bei Herrn Prof. Dellmann vom Institut für Schienenfahrzeuge IFS der RWTH Aachen für die Übernahme des Prüfungsvorsitzes bedanken. Herrn Sebastian Stemmler vom IRT gilt mein herzlicher Dank für die tolle Zusammenarbeit im Rahmen des Exzellenzclusters „Integrative Produktionstechnik für Hochlohnländer“ und die Unterstützung bei den regelungstechnischen Fragestellungen. Für die kritische Durchsicht des Manuskripts möchte ich Herrn Stemmler und meinem Kollegen Herrn Dr. Guido Wirtz meinen Dank aussprechen.

Allen aktiven und ehemaligen Kollegen aus der Forschungsgruppe Produkt- und Prozessüberwachung am WZL danke ich für die gute Zusammenarbeit und die schöne Zeit am Institut. Meinem viel zu früh verstorbenen Oberingenieur Herrn Dr. Dražen Veselovac gilt mein Dank für seinen unermüdlichen Einsatz für die Forschungsgruppe.

Für die Förderung meiner Forschungsarbeiten im Rahmen des Exzellenzclusters „Integrative Produktionstechnik für Hochlohnländer“ möchte ich der Deutschen Forschungsgemeinschaft DFG herzlich danken.

Mein inniger Dank gilt meiner Familie. Insbesondere meinen Eltern Ewald und Anita Adams, die mich mit viel Liebe großgezogen und mich immer unterstützt haben, möchte ich von ganzem Herzen danken. Weiterhin möchte ich meinem Bruder Martin herzlich danken, der mich über dreieinhalb Jahre als studentische Hilfskraft am WZL begleitet und tatkräftig unterstützt hat. Meiner Schwester Rebecca gilt mein Dank für die Korrektur der englischen Texte. Für die Unterstützung, Geduld und Nachsicht, insbesondere in den heißen Phasen des Promotionsprozesses, möchte ich meiner Freundin Svenja Wesch herzlich danken.

Aachen, im März 2016

Oliver Adams

„Corpus omne perseverare in statu suo quiescendi vel movendi uniformiter in directum, nisi quatenus illud a viribus impressis cogitur statum suum mutare."

Sir Isaac Newton
Axiomata Sive Leges Motus,
Philosophiae Naturalis Principia
Mathematica, 1687

meinen Eltern Ewald und Anita

Inhaltsverzeichnis

Content

Formelzeichen und Abkürzungsverzeichnis

Formula Symbols and Abbreviations

Kleinbuchstaben

a_e	mm	Arbeitseingriff
a_p	mm	Schnitttiefe
b	mm	Spanungsbreite
$b_0,\ b_1,\ b_2,\ a_1,\ a_2$		Modellparameter einer zeitdiskreten Übertragungsfunktion
c		Parameter einer quadratischen Kostenfunktion
c_x, c_y, c_z	N/µm	Steifigkeit in x-, y- und z-Richtung
d		Parameter einer quadratischen Kostenfunktion
e		Regelabweichung
$e(\cdot \mid k)$		gesamter Verlauf der prädizierten Regelabweichung, prädiziert zum Abtastschritt k
e'		freie Regelabweichung
f	mm	Vorschub
f		freie Regelgröße
f	Hz	Frequenz
$f(\cdot \mid k)$		gesamter Verlauf der prädizierten freien Regelgröße, prädiziert zum Abtastschritt k
$f(k+j \mid k)$		freie Regelgröße zum Abtastschritt $k+j$, prädiziert zum Abtastschritt k
f_c	mm	Vorschubsollwert
f_g	Hz	Grenzfrequenz Tiefpassfilter
f_{korr}	mm	um den Rundlauffehler korrigierter Vorschub
f_n	Hz	Eigenfrequenz
$f_{n,x}$	Hz	Eigenfrequenz in x-Richtung
$f_{n,y}$	Hz	Eigenfrequenz in y-Richtung
$f_{n,z}$	Hz	Eigenfrequenz in z-Richtung
f_{soll}	mm	Soll-Vorschub
f_z	mm	Vorschub pro Zahn

$g(t)$		Impulsantwort
h	mm	Spanungsdicke
h_m	mm	mittlere Spanungsdicke
j		Nummer eines Scheibenelementes bei der Diskretisierung des Fräsers
k		Abtastschritt
$k_{c,1.1}$	N/mm^2	Spezifische Schnittkraft
$k_{cn,1.1}$	N/mm^2	Spezifische Schnittnormalkraft
$k_{p,1.1}$	N/mm^2	Spezifische Passivkraft
ℓ^1, ℓ^2		ℓ^1-Norm, ℓ^2-Norm
m_c		Anstiegswert der spezifischen Schnittkraft
m_{cn}		Anstiegswert der spezifischen Schnittnormalkraft
m_p		Anstiegswert der spezifischen Passivkraft
n	min^{-1}	Werkzeugdrehzahl
n		Anzahl der Scheibenelemente bei der Diskretisierung des Fräsers
n_z		Anzahl der Schneiden eines Fräswerkzeugs
r	mm/s	Referenztrajektorie
$r(\cdot\mid k)$	mm/s	Referenztrajektorie für den gesamten Prädiktionshorizont zum Abtastschritt k
s		unabhängige Variable der Laplace-Transformation
s	mm	Weg
s_{max,v_f}		maximale Standardabweichung für die Vorschubgeschwindigkeit
$s_{max,\varphi}$		maximale Standardabweichung für den Vorschubrichtungswinkel
t	s	Zeit
$t_{95\%}$	s	Ausgleichszeit, in der 95 % des statischen Endwertes erreicht werden
t_h	s	Hauptzeit
t_0	s	Zeitpunkt bei der Parameterermittlung
u		Eingangsgröße/Stellgröße

$\vec{u}$		Stellgrößenvektor
$u(\cdot\vert k)$		gesamter Verlauf der prädizierten Stellgröße, prädiziert zum Abtastschritt k
u_{opt}		optimale Stellgrößenfolge
u_{min}		Minimalwert der Stellgröße
v	mm/s	Geschwindigkeit
v_c	m/min	Schnittgeschwindigkeit
v_e	m/min	Wirkgeschwindigkeit
v_f	m/s	Vorschubgeschwindigkeit
$v_{c,j}$	m/min	Schnittgeschwindigkeit für das Scheibenelement j
v_k	mm/s	Geschwindigkeit zum Abtastschritt k
w		Führungsgröße
w_{xyz}	mm/s	positionsabhängiger Sollwert
x		Regelgröße
$\vec{x}$		Zustandsgrößenvektor
x		Variable einer quadratischen Funktion
x_k		Geschwindigkeit zum Abtastschritt k
$x_{km,opt}$		Vektor der optimierten Parameter des Kraftmodells nach Kienzle k_i und m_i
y		Stellgröße, Ausgangsgröße
$\vec{y}$		Ausgangsgrößenvektor
$y(\cdot\vert k)$		gesamter Verlauf der prädizierten Ausgangsgröße, prädiziert zum Abtastschritt k
y_{Filter}		Schätzwert des Kalman-Filters
$y_{rück}$	mm/s	Geschwindigkeitsverlauf durch iterative Rückwärts-Filterung
y_{vor}	mm/s	Geschwindigkeitsverlauf durch DGL-Vorwärts-Filterung
z		Störgröße
z	mm	Position in z-Richtung
z		unabhängige Variable der z-Transformation

Großbuchstaben

A		Systemmatrix
A_D		diskrete Systemmatrix
B		Eingangsmatrix
B_D		diskrete Eingangsmatrix
C		Ausgangsmatrix
C_D		diskrete Ausgangsmatrix
D		Durchgangsmatrix
D_D		diskrete Durchgangsmatrix
D_{WKZ}	mm	Werkzeugdurchmesser
F	N	Zerspankraft
F_a	N	Aktivkraft
$\tilde{F}_{a,soll}$	N	kompensierter Sollwert der Aktivkraft
$\bar{F}_{a,m}$	N	mittlerer Wert der maximalen Aktivkraft
F_c	N	Schnittkraft
$F_{c,j}$	N	Schnittkraft des Scheibenelementes j
F_{cn}	N	Schnittnormalkraft
$F_{cn,j}$	N	Schnittnormalkraft des Scheibenelementes j
F_f	N	Vorschubkraft
F_{fn}	N	Vorschubnormalkraft
F_p	N	Passivkraft
$F_{p,j}$	N	Passivkraft des Scheibenelementes j
F_{rel}	%	relativer Fehler
F_x	N	Kraft in x-Richtung
$F_{x,c}$	N	Anteil der Schnittkraft in x-Richtung
$F_{x,cn}$	N	Anteil der Schnittnormalkraft in x-Richtung
F_y	N	Kraft in y-Richtung
$F_{y,c}$	N	Anteil der Schnittkraft in y-Richtung
$F_{y,cn}$	N	Anteil der Schnittnormalkraft in y-Richtung
F_z	N	Kraft in z-Richtung

$G(j\omega)$		frequenzabhängige Übertragungsfunktion
$G(s)$		Übertragungsfunktion in der Laplace-Ebene
$G(z)$		Übertragungsfunktion in der z-Ebene
I		Einheitsmatrix
J		Wert der Kostenfunktion
J_{erw}		Wert der erweiterten Kostenfunktion
K		Proportionalverstärkung
$\widetilde{K}$		Proportionalverstärkung des abweichenden Regelstreckenmodells
K_{ac}, K_{rc}, K_{tc}	N/mm^2	Modellparameter des linearen Schnittkraftmodells
K_{ae}, K_{re}, K_{te}	N/mm	Modellparameter des linearen Schnittkraftmodells
M_j		Drehmatrix
M		untere linke Dreiecksmatrix
M_z	Nm	Drehmoment um die z-Achse
N_1		unterer Prädiktionshorizont
N_2		oberer Prädiktionshorizont
N_u		Stellhorizont
P		Bahnpunkt
Q		Wichtungsmatrix für die Regelgröße
R		Wichtungsmatrix für die Stellgröße
$R(z)$	mm	nomineller Radius
$R_i(z)$	mm	Radius an der Schneide i
T_1, T_2, T	s	Zeitkonstanten einer Übertragungsfunktion
T_d	s	Totzeit
T_s	s	Abtastzeit
$U(s)$		Stellwert in der Laplace-Ebene
$Y(s)$		Ausgangswert in der Laplace-Ebene

Griechische Kleinbuchstaben

α		Glättungsfaktor
β	°	Drallwinkel
ϵ		Toleranzschwelle für die Synchronierung

λ	°	Winkel zwischen Fräser und Drehzentrum
λ	mm	Wellenlänge
ξ		Korrekturwert zur Bestimmung von Δf_{RLF}
ξ_m		Korrekturwert, gemittelt, zur Bestimmung von Δf_{RLF}
ρ	mm	Achsparallele Verschiebung des Fräsers
τ	°	Verkippung der Fräserachse
φ	°	Vorschubrichtungswinkel
φ_{ex}	°	Vorschubrichtungswinkel beim Schneidenaustritt
φ_j	°	Vorschubrichtungswinkel des Scheibenelementes *j*
φ_m		mittlerer Eingriffswinkel
φ_{st}	°	Vorschubrichtungswinkel beim Schneideneintritt
ψ	°	Winkeldifferenz durch den Drallwinkel über der Schnitttiefe
ω	s^{-1}	Drehfrequenz

Griechische Großbuchstaben

ΔF_a	N	Abweichung der Aktivkraft
ΔF_{RLF}	mm	Korrekturwert des Vorschubs aufgrund des Rundlauffehlers
$\Delta k_{c,1.1}$	N/mm²	Differenz der spezifischen Schnittkraft
Δs	mm	Abstand zweier Punkte
Δt	s	Zeitdifferenz
Δu		Änderung des Stellgrößenvektors
Δu_{opt}		optimale Änderung des Stellgrößenvektors
Δv_f		Änderung der Vorschubgeschwindigkeit
Δz	mm	Abstand der Elemente bei der Diskretisierung des Fräsers
$\Delta \varphi$	°	Winkeldifferenz
Λ		Gewichtungsfaktor für die Wichtung des Stellaufwandes
Φ		Matrix zur Prädiktion des Systemverhaltens

Abkürzungen

ACO	adaptive control optimization
BAZ	Bearbeitungszentrum
BIBO	bounded input – bounded output
CAD	computer aided design
CAM	computer aided manufacturing
CAx	computer unterstützte Verfahren, computer aided
CCD	central composite design, DoE-Verfahren
CL-Code	cutter location-code
CNC	computer numerisch gesteuert
CSG	constructive solid geometry
DGL	Differentialgleichung
DLL	dynamic link library, dynamische Programmbibliothek
DoE	design of experiments
FEM	Finite-Elemente-Methode
FIR-Filter	finite impulse response filter, Filter mit endlicher Impulsantwort
GAC, ACG	geometric adaptive control
GPC	generalized predictive control
HSS	Schnellarbeitsstahl
IIR-Filter	infinite impulse response filter, Filter mit unendlicher Impulsantwort
JIT	just-in-time compiler
KNN	künstliches neuronales Netz
LZI	linear zeitinvariant
MPR	modellbasierte prädiktive Regelung
MRAC	model reference adaptive control
NC	numerisch gesteuert
NCU	numerical control unit, Steuereinheit
NURBS	non-uniform rational B-splines

PCIe	peripheral component interconnection express, PC-Schnittstelle
PID-Regler	Regler mit proportional-integral-differential Verhalten
PI-Regler	Regler mit proportional-integral Verhalten
PT_2	Verzögerungsglied zweiter Ordnung
PT_2T_t	Verzögerungsglied zweiter Ordnung mit Totzeit
RAM	random access memory, Arbeitsspeicher
RHC	receeding horizon control, MPR
TCP	tool-center-point
VHM	Vollhartmetall
WKS	Werkstückkoordinatensystem

1 Einleitung

Die Produktion in Hochlohnländern unterliegt aufgrund der Globalisierung einem hohen Kostendruck; für die erfolgreiche Produktion ist eine hohe Produktivität in allen Unternehmensbereichen erforderlich. In der Massenfertigung wird diese durch hohe Automatisierungsgrade, technologisch hochoptimierte Prozesse sowie durch die Entwicklung neuer Prozessketten mit integrierten Fertigungsverfahren erreicht. [BREC14b]

Der Massenfertigung steht die Entwicklung und Fertigung von technologisch hoch entwickelten Produkten wie Maschinen, Anlagen und Werkzeugen für die Produktion gegenüber. Kennzeichnend für viele dieser Produkte sind ein hoher Grad an Komplexität, eine große Variantenvielfalt sowie eine Fertigung in geringen Losgrößen bis hin zur Einzelteilfertigung. Im Werkzeug- und Formenbau stellt die Entwicklung und Fertigung technisch herausragender Produkte keine Garantie mehr für den Unternehmenserfolg dar. Zur Steigerung der Produktivität wurden in den vergangenen Jahren insbesondere Verbesserungen in der Organisation und Planung fokussiert, welche durch geringe finanzielle Investitionen eine effiziente Verbesserung bewirkt haben. [HEES15] Um die technische Überlegenheit langfristig zu wahren, ist jedoch ebenfalls eine technologische Weiterentwicklung notwendig.

Verbesserungen in der Simulationstechnik erlauben heute eine Prozessauslegung und -optimierung am Rechner, sodass vielfach auf eine langwierige und kostenintensive Durchführung von Versuchen verzichtet werden kann. Neben der Kostenersparnis wird dadurch eine Verkürzung der Entwicklungszeit erreicht, die insbesondere im Bereich der Einzelteilfertigung einen Wettbewerbsvorteil darstellt. Trotz hoch entwickelter Modelle und Simulationsmöglichkeiten werden Veränderungen des Prozesszustandes, z. B. durch Werkzeugverschleiß, in heutigen Lösungen nur unzureichend abgebildet. Insbesondere bei der Fertigung von sicherheitskritischen Komponenten für Flugzeugtriebwerke werden diese Unsicherheiten im Prozesszustand durch die Wahl konservativer Prozessparameter berücksichtigt. Damit einher geht in der Regel ein Verlust an Produktivität. Die durchgängige Erfassung und Nutzung von Sensorinformationen stellt die Basis zur Reduktion von Unsicherheiten in einer digitalen Produktion dar. [BREC14a]

Die Nutzung von Sensorinformationen zur Reduktion der Unsicherheiten beschränkt sich nicht nur auf die Prozessauslegung und Prozessanalyse, sondern ermöglicht den Aufbau von Prozessregelungssystemen. Bei der Steuerung oder a-priori Optimierung wirken sich Modellfehler direkt auf die zu optimierende Prozessgröße aus. Die Aufgabe von Regelungssystemen ist eine Angleichung von Prozessgrößen an Führungsgrößen und die Kompensation von Störgrößen. Mit der Rückführung eines Messsignals wird der Regelkreis geschlossen, sodass die Auswirkung von Modellabweichungen reduziert wird.

Das Fertigungsverfahren Fräsen ist durch eine hohe Flexibilität der zu erzeugenden Geometrien gekennzeichnet. Im Werkzeug- und Formenbau beträgt der Anteil der

Fräsbearbeitung zwischen 30 % und 56 % [HEES15]. Bei der Fertigung von Integralbauteilen im Flugzeugbau werden teilweise bis zu 90 % des ursprünglichen Materialvolumens durch Fräsen entfernt. Zur Bewertung und Auslegung von Zerspanprozessen ist eine genaue Kenntnis der zwischen Werkzeug und Werkstück wirkenden Zerspankraft erforderlich. Eine Regelung der Prozesskraft trägt wesentlich zu einem stabilen und effizienten Fertigungsprozess bei [STAV13].

Aus Sicht der Regelungstechnik liegt die Herausforderung bei der Entwicklung eines Regelungssystems beim Fräsen in einer Verschiebung des Arbeitspunktes während des Prozesses. Neben einer Beeinflussung durch Werkzeugverschleiß oder veränderte Materialkennwerte ergibt sich eine Abhängigkeit des Arbeitspunktes von den geometrischen Eingriffsgrößen. Um eine hohe Regelgüte zu erzielen, ist es erforderlich, diese Veränderungen durch geeignete Identifikationsmethoden zu erfassen und durch entsprechende Modelle zu beschreiben. Für die Auslegung des Reglers ist eine Berücksichtigung der entwickelten Modelle sowie der prozessspezifischen Randbedingungen erforderlich.

Aus einer Veränderung der geometrischen Eingriffsgrößen resultiert ggf. eine sprunghafte Veränderung des Arbeitspunktes. Durch die endliche Reaktionszeit von Regler und Regelstrecke ergibt sich bei Nutzung von konventionellen Regelungskonzepten unter Umständen ein technologisch nicht tragbares Überschwingen über die Führungsgröße. Hierdurch wird der Nutzen der Regelungssysteme zur effizienten Verhinderung von Werkzeugüberlast stark eingeschränkt. Die vorliegende Arbeit befasst sich mit der Entwicklung eines Regelungssystems zur modellbasierten prädiktiven Kraftregelung beim Fräsen. Das entwickelte Regelungssystem erlaubt es, das zukünftige Verhalten des Arbeitspunktes zu berücksichtigen und einen technologisch optimalen Regelgrößenverlauf zu erzielen. Im Gegensatz zu modellbasierten Optimierungsverfahren wird die Auswirkung von Modellfehlern durch die Nutzung von Messgrößen verringert.

Im Folgenden wird zunächst auf den Stand der Erkenntnisse eingegangen. Dabei werden das notwendige prozesstechnologische Wissen sowie die notwendigen Grundlagen der Regelungstechnik vermittelt. Da für das Regelungssystem keine eigenen Stellglieder, sondern die Aktoren der Werkzeugmaschine genutzt werden, wird ebenfalls kurz auf die erforderlichen Grundlagen der Maschinentechnik eingegangen. Nach der Definition der Aufgabenstellung und Zielsetzung folgt die Entwicklung des Regelungssystems, welche sich in drei Kapitel gliedert. Die Entwicklung von Methoden zur Identifikation und Modellierung der Regelstrecke erfolgt in Kapitel 4. In Kapitel 5 werden die Anforderungen an den Regler ermittelt und eine prozessspezifische Reglerauslegung durchgeführt. Abschließend erfolgen in Kapitel 6 der Aufbau und die Bewertung modellbasierter prädiktiver Regelungssysteme.

Introduction

Due to globalization the production costs play a significant role in high-wage countries. Consequently, a successful production requires high productivity in all divisions of a company. In mass production this is achieved through a high degree of automation, technologically highly optimized processes as well as through the development of process chains with integrated manufacturing processes. [BREC14b]

Mass production stands in strong contrast to the development and manufacturing of technologically highly complex products as well as machine tools, systems, and tools for the production. A high degree of complexity, a large variant diversity as well as small-lot production down to single-item production are characteristic of many of these products. In the mold and tool making industry the development and manufacture of technologically outstanding products is not a guarantee for business success. In order to increase productivity, optimization in planning and organizing has been in the focus in recent years, achieving an improvement in efficiency with low capital investment. [HEES15] However, further technological development is necessary to maintain the superiority in the long term.

Today, improvements in simulation technique allow a computer-based process design and process optimization. As a result, long and elaborate trials can be avoided. Besides savings on costs, a reduction of the development time is achieved, which is a competitive advantage in single-item production. Despite sophisticated models and the possibility of simulations, changing process behavior, e.g. through tool wear, has not yet been taken into consideration sufficiently. Especially in the manufacturing of safety critical components for aero engines, conservative process parameters are used to attend to uncertainties in the process state. This usually results in a loss of productivity. Consistent acquisition and use of sensor information is the basis for a reduction of uncertainties in a digital production. [BREC14a]

Using sensor information in order to reduce the uncertainties is not limited to process design and process analysis, but also makes it possible to develop process control systems. In open-loop control or optimization systems model errors directly affect the process variable being optimized. The objective of closed-loop control systems is the adjustment of process variables to a reference variable and the compensation of disturbance variables. The feedback of a measurement signal closes the control loop in order to reduce the effect of model errors.

The milling process is characterized by a high flexibility concerning the geometry of the produced work piece. In mold and tool making the milling operation takes up between 30% and 56%, [HEES15]. When manufacturing integral design parts in aircraft manufacturing, up to 90% of the work piece's volume is removed through milling. In order to evaluate and design cutting processes, a precise knowledge of the process force between tool and work piece is required. Controlling the process force contributes to a stable and efficient manufacturing process, [STAV13].

From a control point of view, the challenge in developing a control system for the milling process lies in the changing operating point during the process. Beside tool wear and changing material properties varying engagement conditions influence the operating point. In order to achieve high control accuracy, it is necessary to identify these changes and describe them in a suitable model. For the design of a controller, the developed models as well as process specific requirements have to be taken into consideration.

Changing engagement conditions might cause abrupt changes of the operating point. Due to the finite reaction time of the controller and the controlled system, technologically inadmissible overshooting above the reference variable might occur. Hereby the effectiveness of a control system to prohibit tool breakage is significantly reduced. The objective of the present work is the development of a model-based predictive force control system for milling. The advantage of the developed control system can be found in the consideration of the future behavior of the operating point. In contrast to model-based optimization systems the effect of model errors is reduced by the use of measurement signals.

In the following, first the state-of-the-art is described. The necessary technological process knowledge as well as the basics of control theory are given. As the control system uses the actors of the machine tool rather than any additional actors, a short overview of the machine technology is presented. Following the objective and task description, the development of the control system is explained in the ensuing three chapters. Chapter 4 elaborates on the development of methods for identifying and modelling the controlled system. In chapter 5 the requirements of the controller are determined and a process specific controller is designed. Finally, chapter 6 deals with the implementation and evaluation of model based predictive control systems.

2 Stand der Erkenntnisse

State of the Art

Der Stand der Erkenntnisse gliedert sich in fünf Abschnitte. Nach einer kurzen Einordnung der Thematik wird in Abschnitt 2.2 der prozesstechnologische Wissensstand vermittelt. Hierbei wird insbesondere auf Modelle zur Ermittlung der Prozesskraft sowie deren Anwendung beim Fräsen mit Schaftfräsern eingegangen, da diese für die spätere Regelstreckenidentifikation eine entscheidende Rolle spielen. In Abschnitt 2.3 werden die für das Verständnis dieser Arbeit hilfreichen Kenntnisse der Regelungstechnik vermittelt. Insbesondere wird das Verfahren der modellbasierten prädiktiven Regelung erläutert sowie die dafür notwendigen Grundlagen der Zustandsraumdarstellung. Nachfolgend wird in Abschnitt 2.4 das mechatronische System der Vorschubachsen diskutiert, da dieses vom Regelungssystem als Stellglied genutzt wird. Abschließend werden in Abschnitt 2.5 bereits umgesetzte Regelungskonzepte beim Fräsen vorgestellt und deren Unzulänglichkeiten analysiert.

2.1 Einordnung der Thematik

Im Rahmen des Exzellenzclusters „Integrative Produktionstechnik für Hochlohnländer“ wird an der RWTH Aachen interdisziplinär an den Kernthemen der zukünftigen Produktionstechnik gearbeitet. Globales Ziel ist die Auflösung des Polylemmas der Produktion. Das Polylemma der Produktion beschreibt die sich teils widersprechenden Ausrichtungen Plan- und Wertorientierung sowie das Dilemma zwischen individualisierter Produktion und dem Nutzen von Skaleneffekten bei der Massenfertigung, Bild 2.1. [BREC11a]

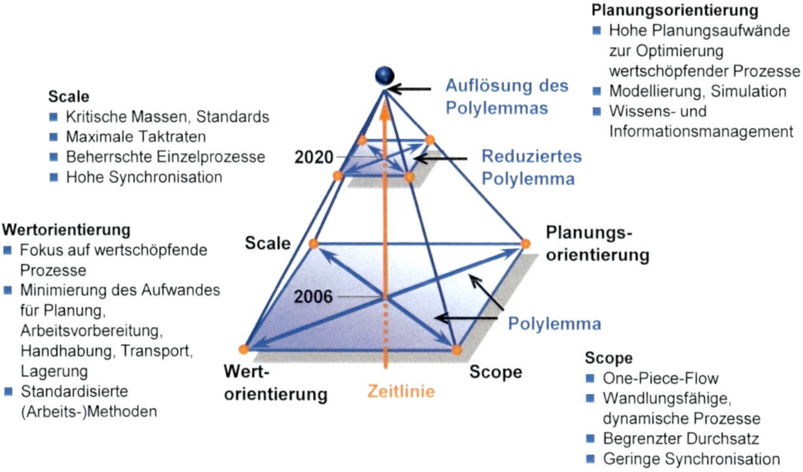

Bild 2.1: Polylemma der Produktion [BREC11a]

Polylemma of production [BREC11a]

Ein wesentliches Teilziel besteht in der Entwicklung selbstoptimierender Produktionssysteme und zielt insbesondere bei wertschöpfenden Prozessen auf eine Reduktion des Aufwandes für Planung und Einrichtung sowie auf eine Reduktion der Fertigungszeit ab. Ein selbstoptimierendes System ist in der Lage, den aktuellen Systemzustand zu identifizieren, Ziele abzuleiten und die Stellgrößen des Systems in geeigneter Weise zu beeinflussen [GAUS09]. Die Zielvorgaben können dabei technologischer oder wirtschaftlicher Natur sein.

Auf Prozess- bzw. Maschinenebene werden heute bereits vielfach Regelungssysteme eingesetzt, die eine lokale Optimierung einzelner Prozess- oder Maschinengrößen ermöglichen. Als Beispiel für eine Prozessregelung ist die Regelung des Werkzeuginnendrucks bei Spritzgießprozessen zu nennen. Regelungen auf Maschinenebene sind z. B. die Positions- und Geschwindigkeitsregelung an Werkzeugmaschinen. [REIT14] Die Einstellung von Prozessparametern und Sollwerten erfolgt insbesondere in der Einzel- und Kleinserienfertigung erfahrungsbasiert durch den Menschen. Übergeordnete Ziele aus der Planungsebene, wie Fertigungskosten oder Durchlaufzeit, finden dabei nur bedingt Berücksichtigung. Stemmler et al. sehen in der modellprädiktiven Regelung (MPR) eine gute Möglichkeit, die modellbasierten Optimierungssysteme (MO-System) mit den bestehenden Regelungssystemen (ISA-System) zu verbinden, Bild 2.2. Durch die Entkopplung der Systeme über die Zwischenebene wird die Übertragbarkeit zwischen Prozessen und Maschinen erleichtert, da jeweils nur die Zwischenebene angepasst werden muss. [STEM15a]

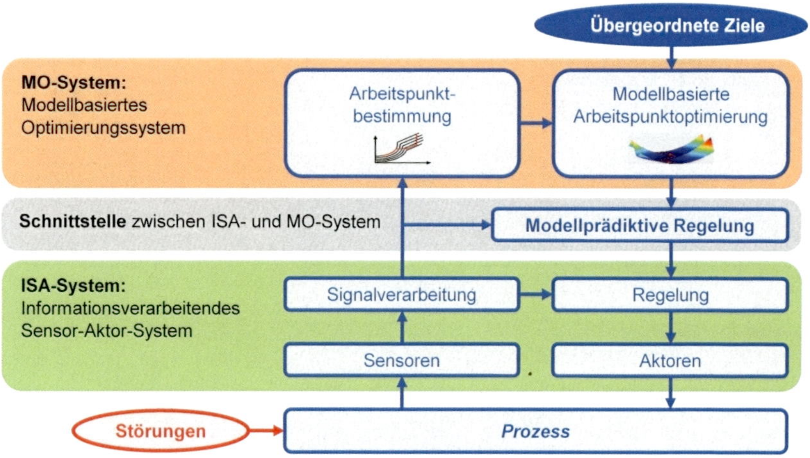

Bild 2.2: Modellbasierte Regelung als Schnittstelle zwischen Prozessoptimierung und Maschinenregelung in Anlehnung an [STEM15a]

Model-based predictive control as interface between process optimization and machine tool control system according to [STEM15a]

2.2 Prozesstechnologie

Im folgenden Abschnitt werden die relevanten technologischen Aspekte beim Fräsen dargelegt. Zunächst erfolgen eine Einordnung des Verfahrens anhand gültiger Normen und die Darstellung der Verfahrenskinematik. Für die Regelung der Prozesskraft ist es notwendig, das Übertragungsverhalten des Prozesses, welches durch den Zusammenhang zwischen Prozesseingangsgrößen und der resultierenden Prozesskraft beschrieben wird, zu analysieren. Technologische Modelle zur Ermittlung der Zerspankraft geben diesen Zusammenhang wieder, weshalb verfügbare Prozesskraftmodelle und deren Anwendung beim Fräsen mit Schaftfräsern dargelegt werden. Der gewählte Modellansatz in Verbindung mit den Modellparametern entscheidet über die Modellgüte und den Gültigkeitsbereich des Modells. Demnach kommt auch der Identifikation der Modellparameter eine entscheidende Rolle zu, sodass relevante Verfahren erläutert werden. Die Kenntnis über die Eingriffsgrößen stellt die Voraussetzung zur Anwendung der Prozesskraftmodelle dar. Daher wird kurz beschrieben, welche Möglichkeiten zur Bestimmung der geometrischen Größen beim Fräsen existieren. Abschließend wird auf modellbasierte Verfahren zur Prozessoptimierung und -überwachung eingegangen, die für den Aufbau von weiterführenden Prozessregelungssystemen hilfreich erscheinen.

2.2.1 Einordnung des Verfahrens

Das Fertigungsverfahren Fräsen wird entsprechend der DIN 8580 „Fertigungsverfahren" in die dritte Hauptgruppe „Trennen" und dort in die Gruppe „Spanen mit geometrisch bestimmten Schneiden" eingeordnet. Das Werkzeug führt eine rotatorische Hauptbewegung aus, die Spanabnahme wird durch eine überlagerte translatorische Vorschubbewegung erzielt. Abhängig davon, mit welchem Teil des Fräsers die Werkstückoberfläche erzeugt wird, wird zwischen Umfangs- und Stirnfräsen unterschieden. Eine weitere Gliederung wird nach der Art der zu erzeugenden Geometrie in Plan-, Rund-, Schraub-, Wälz- und Profilfräsen vorgenommen. [DIN8580]

Prozesstechnologisch wird zwischen Gleich- und Gegenlauffräsen unterschieden, je nachdem ob die Vorschubrichtung des Werkstückes der Bewegungsrichtung der Werkzeugschneide gleich- oder gegengerichtet ist. Beim Gleichlauffräsen tritt die Werkzeugschneide bei großer Spanungsdicke in das Werkstück ein und bei einer minimalen Spanungsdicke aus dem Werkstück aus, Bild 2.3.

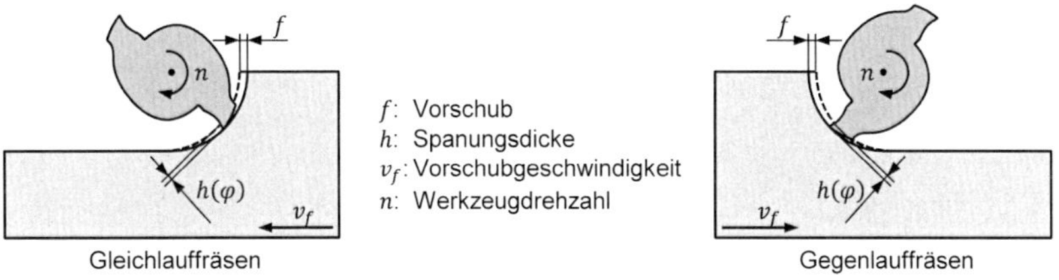

Bild 2.3: Gleich- und Gegenlauffräsen

Down and up milling

Daraus resultiert, im Vergleich zum Gegenlauffräsen, eine höhere Oberflächengüte. Voraussetzung hierfür ist jedoch eine spielfreie Vorschubeinheit, da durch den Eintritt der Schneide bei großer Spanungsdicke eine ruckartige Kraft auf die Vorschubeinheit wirkt. Dies wird heute durch den Einsatz spielfreier Kugelumlaufmuttern sichergestellt. [WECK06b] Durch den unterbrochenen Schnitt ergibt sich eine hohe thermische und mechanische Belastung für das Werkzeug.

2.2.2 Fräsen mit Schaftfräsern

Im Gegensatz zu speziellen Profilfräsern ist es mit Schaftfräsern möglich, nahezu beliebige Werkstückkonturen herzustellen. Diese reichen von rechteckigen Nuten bis hin zu komplexen Freiformflächen. Insbesondere im Durchmesserbereich bis 20 mm werden Vollwerkzeuge eingesetzt, da eine höhere Schneidenanzahl im Gegensatz zu Werkzeugen mit Wendeschneidplatten möglich ist. Bei Durchmessern ab 10 mm werden die Werkzeugkosten durch die Verwendung von Wendeschneidplatten deutlich reduziert. Bei der Fräsbearbeitung von Triebwerkskomponenten wird ausschließlich mit Vollwerkzeugen gearbeitet, wohingegen im Werkzeugbau für Schruppoperationen fast ausschließlich Wendeschneidplattenwerkzeuge eingesetzt werden.

Speziell für die Anwendungsaufgabe entwickelte und beschichtete Schneidstoffe sind in der Lage, den thermischen und mechanischen Wechselbelastungen standzuhalten. Durch die schlanke Bauform und die am Ende angreifende Zerspankraft erfolgt eine Durchbiegung des Werkzeugs, die ggf. zu einer unzulässigen Geometrieabweichung am Werkstück führt. Eine Anregung von Werkzeug und Werkstück durch den unterbrochenen Schnitt führt unter Umständen zu Schwingungen, welche schlechte Oberflächengüten sowie erhöhten Werkzeugverschleiß nach sich ziehen.

2.2.3 Zerspankraftberechnung

Zur Bewertung von Zerspanprozessen können die Zerspanbarkeitskriterien Spanform, Oberfläche, Verschleiß und Zerspankraft herangezogen werden. Insbesondere durch die Zerspankraft können bereits während der Bearbeitung Rückschlüsse auf den Zerspanvorgang gezogen werden. *„Die Zerspankraft* F *ist die bei einem Zerspanvorgang von einem Schneidkeil auf das Werkstück wirkende Gesamtkraft [...]“* [DIN6584]. Ist der Zusammenhang zwischen den Prozessparametern und der Zerspankraft bekannt, kann dieses Wissen für die Prozess- und Maschinenauslegung sowie für die Prozessoptimierung genutzt werden.

Neben den Prozessparametern und Eingriffsgrößen wird die Zerspankraft durch dynamische Effekte zwischen Werkstück und Werkzeug beeinflusst, was insbesondere bei labilen Werkstücken oder Werkzeugen zu negativen Auswirkungen auf die erzeugte Bauteilqualität und auf den Werkzeugverschleiß führt. Die Modellierung von selbst- und fremderregten Schwingungen wird mit dem Ziel verfolgt, instabile Zustände bereits bei der Prozessauslegung durch eine geeignete Wahl der Prozessparameter zu vermeiden. Für die folgenden Betrachtungen wird angenommen, dass der Prozess stabil ist und dass keine unerwünschten Schwingungen von Werkstück oder Werkzeug auftreten. Daher wird lediglich der zeitabhängige Verlauf der Zerspankraft in Abhängigkeit von den Prozessparametern, den Eingriffsgrößen und der Verfahrenskinematik betrachtet.

Die Zerlegung der Zerspankraft beim Fräsen erfolgt in Aktiv- und Passivkraft. Die Aktivkraft wirkt in der Arbeitsebene, wohingegen die Passivkraft parallel zur Werkzeugachse gerichtet ist. Aus der Aktivkraft resultiert das Biege- und Torsionsmoment auf den Fräser sowie die Prozessleistung. Eine Zerlegung der Aktivkraft kann entweder anhand der Schnittrichtung in Schnitt- und Schnittnormalkraft, anhand der Vorschubrichtung in Vorschub- und Vorschubnormalkraft oder anhand der Wirkrichtung in Wirk- und Wirknormalkraft erfolgen. Die Wirkrichtung ergibt sich aus der vektoriellen Addition von Schnitt- und Vorschubgeschwindigkeitsvektor, Bild 2.4. [DIN6584]

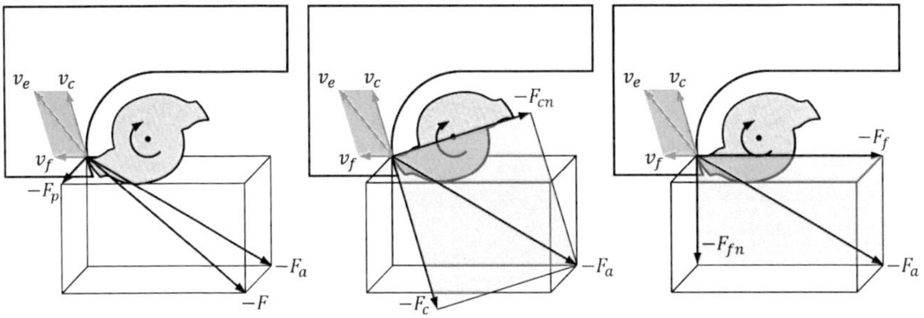

v_c: Schnittgeschwindigkeit
v_f: Vorschubgeschwindigkeit
v_e: Wirkgeschwindigkeit
F: Zerspankraft
F_a: Aktivkraft
F_p: Passivkraft
F_c: Schnittkraft
F_{cn}: Schnittnormalkraft
F_f: Vorschubkraft
F_{fn}: Vorschubnormalkraft

Bild 2.4: Zerlegung der Zerspankraft in Anlehnung an [DIN6584]

Decomposition of the cutting force according to [DIN6584]

Den qualitativen Zusammenhang zwischen den Zerspankraftkomponenten und den Prozessgrößen Vorschub, Schnitttiefe und Schnittgeschwindigkeit zeigt Bild 2.5.

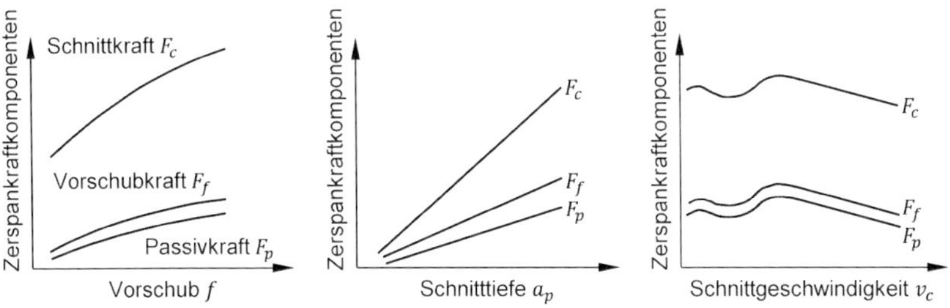

Bild 2.5: Zusammenhang zwischen Zerspankraftkomponenten und Prozessparametern [KLOC07]

Influence of process parameters on cutting force components [KLOC07]

Für das Verhältnis zwischen Vorschub bzw. Spanungsdicke und Zerspankraft wird ein nichtlinearer Zusammenhang gefunden, wohingegen die Beziehung zwischen Schnitttiefe und Zerspankraftkomponenten einen linearen Zusammenhang aufweist.

Der dargestellte Verlauf zwischen Schnittgeschwindigkeit und Zerspankraft resultiert aus der Überlagerung mehrerer Effekte. Mit steigender Schnittgeschwindigkeit steigen die Temperaturen in der Zerspanzone, wodurch eine Erweichung des Werkstoffs und damit ein Sinken der Zerspankraft erfolgt. Die beiden Maxima im vorderen Bereich entstehen durch die Bildung von Aufbauschneiden bei der Bearbeitung ferritischer Stähle. [KLOC07]

Zur quantitativen Bestimmung der Zerspankraft können empirische, analytische oder numerische Verfahren eingesetzt werden. Im Allgemeinen ist es für die Entwicklung eines Zerspankraftmodells zunächst erforderlich, die entsprechende Modellstruktur auszuwählen. Diese Auswahl kann durch Expertenwissen oder durch die Auswertung von Versuchsdaten erfolgen. [BREC12, S. 815-824] Anschließend werden die Modellparameter durch die Lösung eines Optimierungsproblems ermittelt. Hierfür ist eine Zielfunktion als Qualitätsmaß zu definieren, z. B. die Summe der Fehlerquadrate.

Bei der empirischen Betrachtung wird ein funktionaler Zusammenhang zwischen der Zerspankraft und der Spanungsdicke sowie der Spanungsbreite hergestellt. Hierfür werden in der Literatur unterschiedliche Funktionsansätze beschrieben. Kienzle und Victor entwickelten bei Drehversuchen die bekannte Kienzle-Gleichung auf Basis einer Exponentialfunktion, Formel (2.1) [KIEN52]. Damit wird eine Berechnung der Zerspankraftkomponenten in Abhängigkeit von der Spanungsbreite b und der Spanungsdicke h ermöglicht. Die Spanungsbreite bezeichnet die Breite des Spanungsquerschnitts senkrecht zur Arbeitsebene. Als Spanungsdicke wird die Breite des Spanungsquerschnitts in der Arbeitsebene senkrecht zur Schnittrichtung definiert. Die Modellparameter $k_{i,1.1}$ und m_i werden für die jeweilige Zerspankraftkomponente angegeben.

$$F_i = k_{i,1.1} b h^{1-m_i} \qquad \text{mit } i\text{: } c, cn, p \qquad (2.1)$$

Der Wert der spezifischen Schnittkraft $k_{i,1.1}$ und des Anstiegswertes m_i ist nur innerhalb eines Parameterfensters gültig, da z. B. für sehr geringe Spanungsdicken Quetsch- und Umformvorgänge überwiegen [KLOC07, S. 432]. Die Gültigkeit bezieht sich ebenfalls lediglich auf eine bestimmte Schnittgeschwindigkeit sowie auf die verwendete Werkstoff-Schneidstoff-Paarung.

Tlusty ermittelt einen linearen Zusammenhang zwischen Spanungsdicke und Zerspankraft [TLUS75]. Dieser Ansatz wird später um einen von der Spanungsdicke unabhängigen Anteil erweitert, Formel (2.2) [THOM53]. Demnach setzt sich die Zerspankraft aus zwei Anteilen zusammen. Der spanungsdickenabhängige Anteil $K_{i,c}bh$ spiegelt die Scher- und Reibeffekte in der Zerspanzone wider, wohingegen der spanungsdickenunabhängige Anteil $K_{i,e}b$ die Reib- und Quetschvorgänge an der Schneidkante beschreibt. Die Parameter $K_{i,c}$ und $K_{i,e}$ sind wie beim Zerspankraftmodell nach Kienzle, Formel (2.1), ebenfalls nur für eine bestimmte Werkstoff-Schneidstoff-Paarung und Schnittgeschwindigkeit gültig [BUDA96].

$$F_i = K_{i,c} b h + K_{i,e} b \qquad \text{mit } i\text{: } c, cn, p \qquad (2.2)$$

Budak und Wan verwenden das Modell entsprechend Formel (2.2) ohne den Anteil für die Reib- und Quetschvorgänge an der Schneidkante. Die Proportionalfaktoren werden jedoch als Funktion von der Spanungsdicke $K_{i,c}(h)$ ermittelt. Der Funktionsansatz mit den Modellparametern $\widetilde{K}_{i,c}$ und p wird als Exponentialfunktion gewählt, sodass sich nach Umformung die Gleichung nach Kienzle, Formel (2.1), ergibt [BUDA06; WAN07; WAN09a].

$$F_i = K_{i,c}(h)bh = \widetilde{K}_{i,c}h^{-p}bh = \widetilde{K}_{i,c}bh^{(1-p)} \quad \text{mit } i\text{: } c, cn, p \qquad (2.3)$$

Bei der numerischen Berechnung ergibt sich durch die Exponentialfunktion eine zeitintensive Rechenoperation. Alternativ kann die Funktion durch ein bilineares Modell angenähert werden [BREC11b]. Nachteilig resultiert dadurch eine höhere Anzahl an Modellparametern sowie ein unstetiger Verlauf.

Neben den beschriebenen empirischen Modellen zur Berechnung der Zerspankraft kann die Kraft am Schneidteil durch eine idealisierte Betrachtung mit der Theorie der Scherebene ermittelt werden. Für den orthogonalen Schnitt wird die Zerspankraft aus der Schubspannung, dem Scherwinkel und den geometrischen Beziehungen am Schneidteil ermittelt. Da hier von einer idealisierten Betrachtung ausgegangen wird, eignet sich diese Methode nur bedingt zur exakten numerischen Berechnung der Zerspankraft. Dem entgegen bietet die Simulation mithilfe der finiten Elemente eine Möglichkeit, die Mikrogeometrie des Werkzeugs in die Berechnung mit einzubeziehen. Durch den hohen Rechenaufwand ist diese Methode lediglich für die Berechnung eines kleinen Zeitausschnittes sinnvoll. Dennoch kann mit der FEM-Simulation eine Bewertung der Spanbildung sowie der Zerspankraft zur Prozess- und Werkzeugauslegung erfolgen. Ebenfalls können thermische Vorgänge in der Simulation berücksichtigt werden. [KLOC07]

Berechnung der Zerspankraft beim Fräsen mit Schaftfräsern

Um die vorgestellten Methoden zur quantitativen Ermittlung der Zerspankraft auf den Fräsprozess anzuwenden, ist zunächst die Kinematik des Verfahrens zu untersuchen. Durch die Überlagerung von Dreh- und Vorschubbewegung beschreibt die Schneidenecke beim Fräsen eine trochoide Bahn [MART41]. Ist die Schnittgeschwindigkeit groß im Verhältnis zur Vorschubgeschwindigkeit, kann die Trochoide durch eine Kreisbahn angenähert werden. Die Spanungsdicke ergibt sich für diesen Fall näherungsweise zu

$$h \approx f sin(\varphi) \qquad (2.4)$$

aus dem Vorschub f und dem Vorschubrichtungswinkel φ, welcher als Winkel zwischen Vorschub- und Schnittrichtung definiert ist [DIN6580].

Eine exakte analytische Beschreibung der Spanungsdicke zeigt, dass durch die Näherungslösung insbesondere bei kreisförmigen Vorschubbewegungen relevante Abweichungen auftreten können [YAN10; SUN11; MEIN09].

Bei der Anwendung auf gedrallte Schaftfräser ist der Vorschubrichtungswinkel entlang der Schneide nicht konstant. Hierdurch ergibt sich eine Variation der Spanungsdicke über der Länge der Werkzeugschneide. Zur Berechnung des Zerspankraftvektors wird das Werkzeug daher entlang der Fräserachse in n diskrete Elemente mit der Höhe Δz zerlegt, Bild 2.6 [KLIN82b].

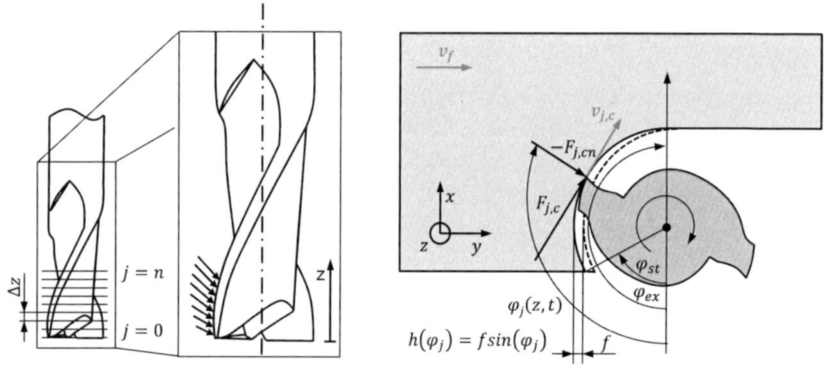

Bild 2.6: Inkrementelle Ermittlung der Zerspankraft
Incremental determination of cutting force

Für jedes Element werden mit dem gewählten Ansatz die Zerspankraftkomponenten ermittelt und nach Koordinatendrehung im Werkzeug- oder Werkstückbezugssystem aufsummiert [KLIN82a]. Bezogen auf das Werkstückbezugssystem ergeben sich die Zerspankraftkomponenten zu

$$\begin{pmatrix} F_x \\ F_y \\ F_z \end{pmatrix} = \sum_{j=0}^{n} \begin{pmatrix} sin(\varphi(j\Delta z)) & -cos(\varphi(j\Delta z)) & 0 \\ -cos(\varphi(j\Delta z)) & -sin(\varphi(j\Delta z)) & 0 \\ 0 & 0 & 1 \end{pmatrix} \begin{pmatrix} F_{c,j} \\ F_{cn,j} \\ F_{p,j} \end{pmatrix}. \tag{2.5}$$

Mit diesem mechanistischen Ansatz ist es möglich, die Zerspankraft für beliebige Werkzeuggeometrien zu ermitteln. Je nach Werkzeuggeometrie und geforderter Genauigkeit ist es erforderlich, die Modellparameter in Abhängigkeit von der Schnittgeschwindigkeit anzunehmen, da diese insbesondere bei Kugelkopfwerkzeugen entlang der Schneide signifikant variiert.

Neben den beschriebenen Ansätzen werden in der Literatur weitere Verfahren diskutiert, mit welchen charakteristische Werte und der zeitliche Verlauf der Zerspankraft ermittelt werden können. Steigende Rechenleistung und die Erforschung des menschlichen Gehirns haben in vielen Bereichen den Einsatz von künstlichen neuronalen Netzen (KNN) etabliert. Tandon beschreibt den Einsatz von KNN für die Berechnung von maximalen, minimalen sowie mittleren Prozesskräften in Abhängigkeit von den Prozessparametern und von der Werkzeuggeometrie [TAND01]. Zuperl et al. nutzen eine umfangreiche Datenbasis mit 3500 Versuchspunkten, um ein KNN zu trainieren. Neben den Prozess- und Werkzeugparametern werden weitere Eingangsparameter wie Materialhärte, Werkzeugverschleiß und Kühlschmierstoff einbezogen. Zusätzlich zur Berechnung von charakteristischen Werten wird gezeigt, dass auch der zeitliche Verlauf der Zerspankraft durch das KNN modelliert werden kann. [ZUPE04]

Auerbach stellt eine Methode vor, mit der mathematische Modelle für einen beschränkten Parameterraum gewonnen werden können. Hierzu wird zunächst unter Anwendung eines Design-of-Experiments-Verfahrens (DoE) automatisiert eine Datenbasis erzeugt und mittels Optimierungsverfahren die Modellparameter einer vorzugebenden mathematischen Gleichung ermittelt [AUER15]

Berücksichtigung des Rundlauffehlers bei der Berechnung der Zerspankraft

Der Rundlauffehler an der Werkzeugschneide resultiert aus der Summe einzelner geometrischer Abweichungen an Spindel, Werkzeughalter und Werkzeug. Die Auswirkung dieses Summenfehlers ist bereits bei geringen Werten in der gemessenen Zerspankraft zu beobachten. Beim Schruppfräsen werden einzelne Schneiden dadurch einer erhöhten Belastung ausgesetzt, was zu einem höheren Verschleiß führt. In der Literatur werden verschiedene geometrische Modelle beschrieben, mit denen der Rundlauffehler abgebildet werden kann. Dadurch wird eine Berücksichtigung bei der Berechnung der Zerspankraft möglich.

Armarego und Deshpande zeigen, dass der Rundlaufffehler des Werkzeugs deutlich geringer ist als der summierte Rundlauffehler [ARMA89]. Wird angenommen, dass das Werkzeug symmetrisch ist, kann der Rundlauffehler im einfachsten Falle durch eine achsparallele Verschiebung der Fräserachse beschrieben werden [KLIN83]. Eine Erweiterung des Modells durch eine zusätzliche Verkippung der Werkzeugachse erlaubt auch bei großen Schnitttiefen eine gute Abbildung der Wirklichkeit [WAN09b]. Diese Abweichungen werden geometrisch durch drei Winkel sowie eine Verschiebung beschrieben. Die parallele Verschiebung der Fräserachse zur Drehachse wird durch den Winkel λ sowie den Abstand ρ charakterisiert, Bild 2.7 a). Die Verkippung der Fräserachse wird durch die Winkel τ und ϕ beschrieben, Bild 2.7 b).

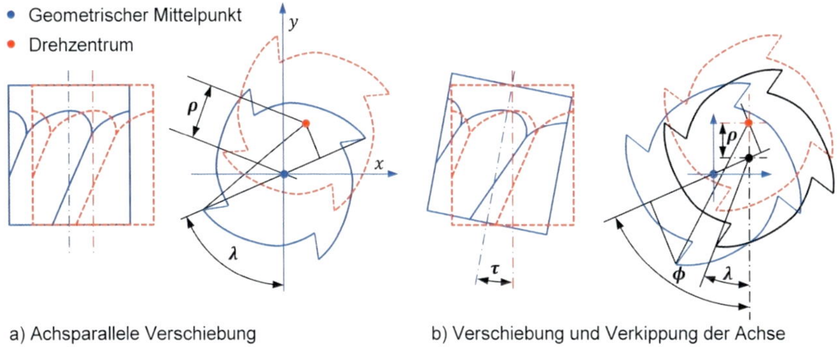

Bild 2.7: Geometrische Beschreibung des Rundlauffehlers am Werkzeug [WAN09b]
Geometric characterization of cutter run-out error [WAN09b]

Bei geringer Schnitttiefe kann der Einfluss durch die Verkippung ggf. vernachlässigt werden, sodass der Rundlauffehler durch zwei Parameter vollständig beschrieben wird.

Die Auswirkung des Rundlauffehlers auf die Zerspankraft wird durch die Veränderung des wirkenden Schneidenradius, welche zu einer Veränderung der Spanungsdicke führt, hervorgerufen. Für das vereinfachte Modell, Bild 2.7 a), wird der Radius R_i in Abhängigkeit vom nominellen Radius R sowie von der Position z an der Schneide zu

$$R_i(z) = R(z) + \rho\, cos\left(\lambda - \varphi(z) - \frac{(k-1)2\pi}{N}\right) \tag{2.6}$$

mit k: Nummer der Schneide

$\varphi(z)$: Vorschubrichtungswinkel an der Position z

N: Anzahl der Schneiden

angegeben [KLIN83].

Ermittlung von Modellparametern

Die Qualität der Vorhersage durch ein Prozesskraftmodell wird entscheidend durch die Wahl der Modellparameter beeinflusst. Für die Ermittlung der Modellparameter der mechanistischen Kraftmodelle werden in der Literatur unterschiedliche Ansätze beschrieben. Generell kann unterschieden werden, ob die Modellparameter aus analytischen Beziehungen im orthogonalen Schnitt abgeleitet werden oder aus spezifischen Zerspanversuchen mit dem entsprechenden Werkzeug gewonnen werden.

Um spezifische Zerspanversuche zu vermeiden, ermittelt Budak die Modellparameter für ein lineares Kraftmodell mit Konstantanteil aus Versuchen im orthogonalen Schnitt. Dazu werden die vorliegenden Schnittbedingungen auf den orthogonalen Schnitt zurückgeführt. Die Modellparameter K_{ic} entsprechend Formel (2.2) werden aus einem Kräftegleichgewicht ermittelt. Durch Extrapolation auf eine Spanungsdicke von $h = 0\,mm$ werden die Parameter K_{ie} ebenfalls aus dem orthogonalen Schnitt ermittelt. [BUDA96] Fu et al. bestimmen die Modellparameter aus einem Scherebenenmodell unter Berücksichtigung von thermischen Einflüssen. Zur Berücksichtigung des Schneidkantenradius kommt ein analytisches Modell bei der Bestimmung der Eckenkoeffizienten zum Einsatz. [FU15]

Bei der Nutzung von spezifischen Versuchsdaten für die Ermittlung von Modellparametern lassen sich in der Literatur drei Verfahrensweisen anhand der Signalauswertung unterscheiden:

- Auswertung der gemittelten Zerspankraft
- Auswertung von charakteristischen Punkten im Signal, z. B. Extremstellen
- Auswertung des zeitlichen Signalverlaufs

Budak et al. führen eine Versuchsreihe mit gleichen Eingriffsgrößen, aber unterschiedlichen Vorschubgeschwindigkeiten zur Ermittlung der Modellparameter für das lineare Kraftmodell mit Konstantanteil durch. Durch Integration der Formel zur Zerspankraftberechnung wird der Mittelwert der Prozesskraft über eine Werkzeugumdrehung berechnet. Bezogen auf die Schnittkraft entspricht der gemittelte Kraftwert der Schnittarbeit. Der Einfluss des Drallwinkels wird für die Berechnung vernachlässigt, da das Zeitspanungsvolumen hierdurch nicht beeinflusst wird. Über eine lineare Regression werden aus den gemessenen Kraftmittelwerten die Modellparameter berechnet. [BUDA96] Kao überträgt diese Methode für die Ermittlung von Modellparametern auf das Fräsen mit Kugelkopffräsern. Die Messdaten werden aus Vollnutenschnitten mit unterschiedlicher Schnitttiefe gewonnen. [KAO15]

Wird versucht, diese Methode auf den exponentiellen Kraftansatz nach Kienzle zu übertragen, entsteht eine analytisch nicht integrierbare Funktion. Daher bildet Budak das Integral über die Spanungsdicke und führt eine lineare Regression über die logarithmierten Kraftmittelwerte durch. Um einen relevanten Bereich der mittleren Spanungsdicke abdecken zu können, werden Versuche mit unterschiedlichen Vorschubgeschwindigkeiten sowie unterschiedlichen Eingriffsbreiten durchgeführt. [BUDA06]

Auf Basis eines exponentiellen Kraftansatzes und eines allgemeinen Modells zur Beschreibung des Rundlauffehlers nutzen Wan et al. einen Nelder-Mead-Simplex-Algorithmus zur Bestimmung der Modellparameter beim Fräsen mit Schaftfräsern. Durch die Wahl einer geringen Schnitttiefe ist zunächst eine Berücksichtigung des Rundlauffehlers in Form einer Parallelverschiebung der Fräserachse hinreichend. Mit dem Simplex-Verfahren werden die Modellparameter bestimmt. Der Vorteil des Verfahrens besteht darin, dass keine analytischen oder numerischen Ableitungen gebildet werden müssen. Sofern eine Berücksichtigung des allgemeinen Modells für den Rundlauffehler erfolgen soll, werden nachfolgend Versuche mit hoher Schnitttiefe durchgeführt, um eine hinreichende Auswirkung der Achsverkippung zu erzielen. Für die Ermittlung der Modellparameter wird ebenfalls wieder das Simplex-Verfahren angewandt. [WAN09b]

Im Gegensatz zum Stirnfräsen mit Schaftfräsern resultieren bei der Bearbeitung mit Kugelkopffräsern unterschiedliche Schnittgeschwindigkeiten am Kugelradius. Aufgrund der Abhängigkeit zwischen Schnittgeschwindigkeit und Zerspankraft, Bild 2.5, werden für die Ermittlung der Modellparameter Methoden eingesetzt, die diesen Umstand berücksichtigen.

Anstelle einer Mittelwertbildung der Kraftmesssignale wertet Wojciechowski einzelne Punkte der Messsignale aus. Aus den maximalen sowie minimalen Messwerten beim Fräsen mit Kugelkopffräsern werden die Modellparameter mithilfe einer Vorschubregression bestimmt. Dabei wird angenommen, dass der Zeitpunkt des gemessenen Maximalwertes mit dem Zeitpunkt des maximalen Spanungsquerschnittes zusammenfällt. Um die Abhängigkeit der Modellparameter von der Position am Kugelkopf darzustellen, werden die Versuche mit unterschiedlichen Anstellwinkeln durchgeführt, sodass sich jeweils nur ein begrenzter Bereich der Schneide im Eingriff befindet. [WOJC15]

Wan et al. beschreiben einen allgemeinen Ansatz für die Ermittlung von Modellparametern beim Fräsen mit Schaftfräsern und berücksichtigen den Einfluss des Rundlauffehlers im Kraftmodell. Der Rundlauffehler wird geometrisch durch eine Parallelverschiebung der Fräserachse beschrieben, Bild 2.7 a). Zur Berechnung der Zerspankraft wird ein lineares Schnittkraftmodell ohne Konstantanteil und ohne Abhängigkeit der Modellparameter von der Spanungsdicke angenommen. Unter diesen Voraussetzungen wird gezeigt, dass der Rundlauffehler keinen Einfluss auf den Mittelwert der Zerspankraftkomponenten ausübt und damit eine Bestimmung der Modellparameter unabhängig vom Rundlauffehler erfolgen kann. Durch den linearen Modellansatz resultieren Modellparameter in Abhängigkeit von der mittleren Spanungsdicke. Anschließend werden die geometrischen Parameter des Rundlauffehlers ermittelt. [WAN07]

Layegh schlägt eine Methode vor, bei der die Modellparameter in Abhängigkeit von der Position am Kugelkopf ermittelt werden. Dieses Ziel wird durch einen angepassten Versuchsaufbau erreicht, bei dem sich jeweils nur ein eingeschränkter Bereich des Kugelkopfes im Eingriff befindet. Für das verwendete lineare Kraftmodell mit Konstantanteil erfolgt die Bestimmung der jeweiligen Koeffizienten über den Vergleich zwischen Integration des modellierten Kraftverlaufs und der Mittelwertbildung der Messsignale. [LAYE14]

Tukora ermittelt die Modellparameter beim Fräsen mit Kugelkopffräsern und berücksichtigt die Abhängigkeit der Modellparameter von der Position am Kugelkopf durch eine Polynomfunktion. Die Modellparameter werden durch Minimierung der quadratischen Abweichung zwischen Simulation und Messung berechnet. Durch die Berechnung auf einem Grafikprozessor wird eine Vorhersage des Kraftverlaufs während des Prozesses möglich. [TUKO11]

Schmidt bestimmt beim Fräsen mit Messerkopfstirnfräsern zu Beginn des Prozesses die Modellparameter eines linearen Prozesskraftmodells mit Konstantanteil über einen Least-Squares-Algorithmus. Im weiteren Verlauf wird mit dem Kraftmodell die Hüllkurve zur Überwachung des Prozesses ermittelt. Die hierfür notwendigen Eingriffsgrößen werden vorab durch eine Prozesssimulation ermittelt. [SCHM11]

Ermittlung der geometrischen Kontaktbedingungen

Unabhängig von der Werkzeuggeometrie ist für die Berechnung des zeitlichen Verlaufs der Zerspankraft die Kenntnis über die geometrischen Kontaktbedingungen zwischen Werkstück und Werkzeug erforderlich. Hieraus werden die für die Berechnung der Zerspankraft erforderlichen Spanungsdicken ermittelt. Bei der Nutzung von zylindrischen Werkzeugen und linearen Werkzeugbahnen können die Eingriffsgrößen geometrisch hergeleitet werden. Bei der Fertigung komplexer Werkstück-Geometrien und beim Einsatz von Kugelkopf- oder Tonnenfräsern werden Computersimulationen eingesetzt.

Die Beschreibung von Werkstück und Werkzeug kann dabei mit Flächen- oder Volumenkörpern oder durch diskrete Voxel- oder Dexelmodelle erfolgen. Flächenkörper werden mathematisch exakt durch Bézier, Spline, NURBS (non-uniform rational B-splines) o. ä. beschrieben [ALTI14]. Eine Modellierung mit Volumenkörpern (Constructive Solid Geometry, CSG) wird durch einfache Geometrien wie Kugeln oder Quader und deren boolesche Addition und Subtraktion erreicht [SPEN94]. Durch die analytische Beschreibung wird eine hohe Genauigkeit sichergestellt. Demgegenüber werden das Werkzeug und das Werkstück bei der Beschreibung durch Voxel oder Dexel lediglich angenähert, Bild 2.8. Mit Voxel werden in Anlehnung an einen Pixel kubische Volumenelemente bezeichnet. Ein Dexelfeld beschreibt die regelmäßige Anordnung von stabförmigen Elementen, welche durch ihre Position und Länge beschrieben werden.

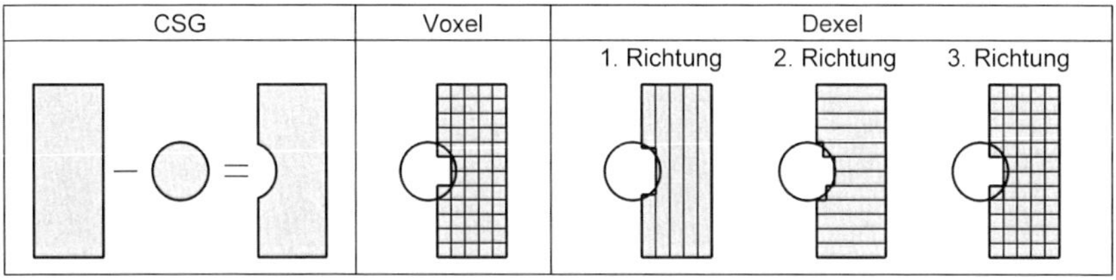

Bild 2.8: CSG-, Dexel-und Voxel-Darstellung für eine Werkzeug-Werkstück Interaktion in Anlehnung an [MINO15]

CSG, Dexel and Voxel representation of cutter work piece intersection according to [MINO15]

Zur Berechnung der Eingriffsgrößen entlang einer vorgegebenen Werkzeugbahn wird diese in diskrete Zeit- oder Wegelemente zerlegt. Für jeden Schritt wird die Durchdringung von Werkstück und Werkzeug ermittelt und von der Werkstückgeometrie subtrahiert. Neben der fehlerbehafteten Diskretisierung bei der Nutzung von Dexel- oder Voxelmodellen wird die Genauigkeit durch die Schrittweite bei der Zerlegung der Werkzeugbahn bestimmt [MINO15].

2.2.4 Modellbasierte Prozessoptimierung und Prozessüberwachung

Bei der Optimierung von Zerspanprozessen werden unterschiedliche Zielgrößen wie Bauteilqualität, Werkzeugbelastung, Werkzeugverschleiß, Fertigungszeit, Fertigungskosten etc. verfolgt. Konnten zu Beginn des 20. Jahrhunderts Prozessparameter nur aus der iterativen Durchführung und Auswertung von Versuchsdaten ermittelt werden, leistet die Simulation heute einen wichtigen Beitrag und ermöglicht eine schnelle und ressourcenschonende Optimierung. Neben der FEM-Simulation werden insbesondere modellbasierte Verfahren zur rechnergestützten Optimierung eingesetzt. Hierfür werden Prozessmodelle, dynamische Modelle für die Maschinenkinematik und die Achsantriebe sowie Modelle zur Ermittlung der Eingriffsgrößen benötigt

[ALTI14]. Damit wird eine Beziehung zwischen Prozesseingangs- und Prozessausgangsgrößen hergestellt. Weiteres Potenzial dieser Modelle ist in der Nutzung für die Prozessüberwachung und Prozessregelung zu sehen.

Eine Übersicht über mögliche Zielgrößen und Optimierungsschleifen zu unterschiedlichen Zeitpunkten der Produktfertigung zeigt Bild 2.9. Ähnlich wie bei der Produktentwicklung gilt auch hier, dass Optimierungen im späten Verlauf aufwendiger und teurer sind und somit aus wirtschaftlichen Gründen zu vermeiden bzw. auf ein Minimum zu reduzieren sind [SCHU15]. Insbesondere bei der Fertigung von hochwertigen Komponenten in geringen Stückzahlen ist eine notwendige Optimierung des realen Prozesses häufig mit einem immensen wirtschaftlichen Schaden verbunden.

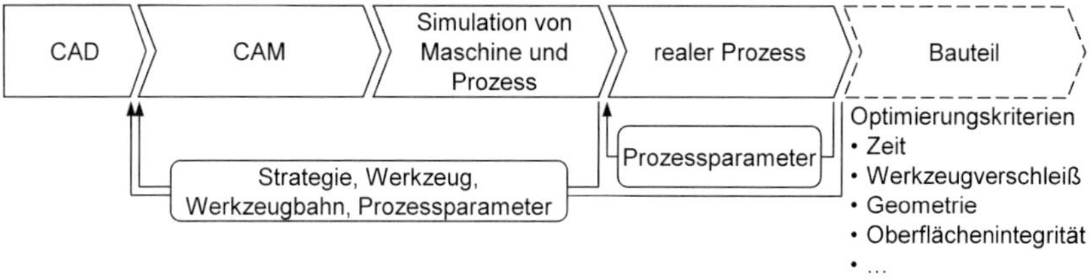

Bild 2.9: Optimierungszyklen in der Fertigungskette
Process optimization during manufacturing chain

Aus den genannten Gründen setzen heutige Optimierungsverfahren bereits im CAM-System bzw. unmittelbar darauf folgend an. Abhängig von der gewählten Fertigungsstrategie wird im CAM-System eine Werkzeugbahn erzeugt, welche nachfolgend unter Berücksichtigung der entsprechenden Maschinenkinematik simuliert wird.

Neben Kollisionen werden die geometrischen Kontaktbedingungen zwischen Werkzeug und Werkstück entlang der Werkzeugbahn ermittelt. Basierend hierauf kann eine Optimierung des Zeitspanungsvolumens im Hinblick auf eine Verkürzung der Prozesszeit durchgeführt werden. [MINO15] Der Nachteil der Optimierung des Zeitspanungsvolumens liegt in dem nicht eindeutigen technologischen Bezug zur Zerspankraft begründet. In der Folge treten Beschädigungen des Werkzeugs und des Werkstücks sowie geometrische Abweichungen durch die Abdrängung des Werkzeugs auf. Aus technologischer Sicht ist daher eine Optimierung des Prozesskraftverlaufs vorzuziehen. [KURT11] Erkorkmaz et al. beschreiben eine Strategie zur Anpassung der Vorschubgeschwindigkeit, um eine konstante Prozesskraft zu erzielen. Zur Reduktion von dynamischen Positionsfehlern wird das Geschwindigkeitsprofil unter Berücksichtigung der Antriebskennwerte ermittelt. [ERKO13] Insbesondere bei komplexen 5-Achs-Bearbeitungen wird eine verbesserte Geometrietreue durch die Berücksichtigung des Verhaltens der CNC-Steuerung, der Vorschubachsen und Optimierung des Abstandes der Bahnpunkte erreicht [POTH11]. Folgt aus einer konstanten Prozesskraft eine kontrollierte Abdrängung von Werkzeug und Werkstück, werden damit jedoch nicht notwendig alle Anforderungen an die Geometrie und Oberflächengüte erfüllt. Krüger entwickelt verschiedene Modelle, um von der gemessenen Zerspankraft unter Berücksichtigung des Rundlauffehlers, der Abdrängung des Werkzeugs etc. auf die gefertigte Bauteilqualität schließen zu können. [KRÜG14] Klobasa beschreibt ein analytisches Modell zur Berechnung der Nutflankengestalt beim Fräsen mit Schaftfräsern, welches ebenfalls als Grundlage für eine Optimierung dienen kann [KLOB07].

Da durch den unterbrochenen Schnitt beim Fräsen eine Anregung von Werkzeug und Werkstück erfolgt, ist ggf. auch eine Regelung der Schnittgeschwindigkeit technologisch vorteilhaft. Voraussetzung hierfür sind Modelle, die die Dynamik von Werkstück, Werkzeug und Maschine berücksichtigen. Kratz ermittelt positionsbasiert optimale Werte für die Schnittgeschwindigkeit beim Schlichtfräsen dünnwandiger Bauteile. [KRAT11]

Bei der Fertigung von sicherheitskritischen Bauteilen im Flugzeug- und Triebwerksbau wird die Lebensdauer des Bauteils entscheidend durch die Oberflächenintegrität bestimmt. Durch die thermo-mechanische Einwirkung bei der Zerspanung können ungewünschte Eigenschaften wie Zugeigenspannungen entstehen, die es zuverlässig zu vermeiden gilt. Gierlings entwickelt daher ein analytisches Temperaturmodell zur Prozessüberwachung beim Räumen. [GIER15]

Yohannes beschreibt ein System zur Prozesskraftüberwachung bei der Einzel- und Kleinserienfertigung auf Basis von maschineninternen Signalen. Die Berücksichtigung der Eingriffsgrößen wird durch eine parallele Simulation ermöglicht. [YOHA13] Rudolf ermöglicht ebenfalls die Nutzung von digitalen Antriebssignalen für die Prozessüberwachung [RUDO14].

2.3 Regelungstechnologie

„Ziel einer Regelung ist im Allgemeinen, bestimmte Größen, meist Ausgangsgrößen technischer Prozesse, an vorgegebene Führungsgrößen anzugleichen. Die zu regelnden Größen sollen sowohl Änderungen der Führungsgrößen möglichst gut folgen als auch von Störungen, die auf den Prozess einwirken, möglichst wenig beeinflusst werden." [ABEL06]

Im Folgenden werden Methoden und Verfahren der Regelungstechnik erläutert, die für das Verständnis dieser Arbeit hilfreich sind. Dabei wird zunächst auf mögliche Gütekriterien zur quantitativen und qualitativen Bewertung einer Regelung eingegangen. Nachfolgend wird das Verfahren der Systembeschreibung im Zustandsraum erläutert, da die modellbasierte prädiktive Regelung auf der Zustandsraumdarstellung basiert. Anschließend werden adaptive Regelungsverfahren vorgestellt, da diese den Großteil der bereits umgesetzten Regelungskonzepte beim Fräsen darstellen. Für eine Beschreibung von Regelungen mit linearen Regelkreisgliedern sei auf die einschlägige Literatur verwiesen. Abschließend wird das Verfahren der modellbasierten prädiktiven Regelung erläutert.

Bild 2.10 zeigt einen Regelkreis in Anlehnung an DIN IEC 60050-351. Als Regelgröße y wird der Ausgang der Regelstrecke bezeichnet und beschreibt die zu regelnde

Größe. Die Differenz aus Führungsgröße w und Regelgröße y wird als Regeldifferenz e bezeichnet und stellt den Eingang des Reglers dar. Dieser ermittelt die Stellgröße u, welche auf die Regelstrecke wirkt. Störgrößen z können grundsätzlich an mehreren Stellen im Regelkreis auftreten, werden hier jedoch zusammenfassend mit Wirkung auf die Stellgröße u angenommen.

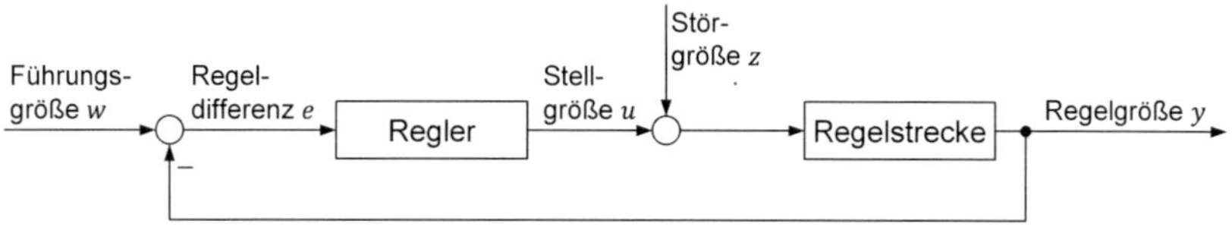

Bild 2.10: Regelkreis in Anlehnung an [DIN60050]
Closed loop control according to [DIN60050]

Im Folgenden werden Methoden und Verfahren der Regelungstechnik erläutert, die für das Verständnis dieser Arbeit hilfreich sind. Dabei wird zunächst auf mögliche Gütekriterien zur Bewertung einer Regelung eingegangen. Nachfolgend werden verschiedene Verfahren zur Regelstreckenidentifikation beschrieben und die Zustandsraumdarstellung eingeführt. Da im weiteren Verlauf des Kapitels auf adaptive Regelungsverfahren näher eingegangen wird, erfolgt eine kurze Übersicht über adaptive Regelungskonzepte. Abschließend wird das Verfahren der modellbasierten prädiktiven Regelung (MPR) erläutert.

2.3.1 Gütekriterien

Bei der Auslegung und Bewertung von Regelungen finden häufig Gütekriterien Anwendung, welche eine quantitative Aussage über die Leistungsfähigkeit eines Regelungssystems ermöglichen. Neben international einheitlichen Kriterien werden auch individuelle Gütemaße angewandt, die speziell auf den Einzelfall zugeschnitten sind. Dabei wird häufig nicht nur der Verlauf der Regelgröße, sondern ebenso der Verlauf der Stellgröße in die Bewertung einbezogen. Für die Praxis relevante Kriterien sind weiterhin z. B. Überschwingen, bleibende Regelabweichung und Ausgleichszeit. Für digitale Abtastregelungen werden die für analoge Regelungen entwickelten integralen Gütekriterien in Summenform dargestellt. [ISER87]

Betragsregelfläche

Das Kriterium der Betragsregelfläche ist identisch zur ℓ^1-Norm, Formel (2.7). Im Gegensatz zur linearen Regelfläche ist auch ein Einsatz bei unterschiedlichen Vorzeichen der Regelabweichung möglich.

$$J = \sum_{k=0}^{\infty} |w(k) - y(k)| = \sum_{k=0}^{\infty} |e(k)| \tag{2.7}$$

mit y: Ausgangsgröße
w: Führungsgröße
e: Regelabweichung

Quadratische Regelfläche

Die quadratische Regelfläche entspricht dem Quadrat der ℓ^2-Norm, Formel (2.8), und stellt das am häufigsten eingesetzte Gütekriterium dar. Im Vergleich zur linearen Regelfläche werden große Abweichungen stärker gewichtet. Der Vorteil der quadratischen Gütekriterien besteht darin, dass sich ein Optimum mathematisch durch Differenzieren auffinden lässt.

$$J = \sum_{k=0}^{\infty} e^2(k) \tag{2.8}$$

2.3.2 Zustandsraumdarstellung

Die Zustandsraumdarstellung bietet eine effiziente Möglichkeit, komplexe dynamische Systeme durch die Einführung von Zustandsgrößen zu beschreiben und für die Regelung zugänglich zu machen. Wird ein dynamisches System durch eine Differentialgleichung höherer Ordnung beschrieben, so kann diese unter Einführung von Zustandsgrößen x in ein System von Differentialgleichungen erster Ordnung überführt werden. Über die Zustandsdifferentialgleichung wird der Zusammenhang zwischen Stellgrößen u und Zustandsgrößen x hergestellt, Formel (2.9). Die Ausgangsgleichung überführt den Zustandsvektor in die Ausgangsgröße y, Formel (2.10).

$$\dot{\vec{x}} = f(\vec{x}, \vec{u}, t) \tag{2.9}$$

$$\vec{y} = g(\vec{x}, \vec{u}, t) \tag{2.10}$$

Ist das System linear und zeitinvariant, so erfolgt die Darstellung entsprechend Formeln (2.11) und (2.12) mit den Systemmatrizen A, B, C und D.

$$\dot{\vec{x}} = A\vec{x} + B\vec{u} \tag{2.11}$$

$$\vec{y} = C\vec{x} + D\vec{u}\,. \tag{2.12}$$

Die Matrix B stellt dabei die Eingangsmatrix dar, mit welcher die Stellgröße auf das System wirkt. Für sprungfähige Systeme realisiert die Durchgangsmatrix D eine direkte Wirkung der Eingangsgröße auf die Ausgangsgröße. Da technische Systeme in aller Regel nicht sprungfähig sind, folgt $D = 0$ für diese Systeme. Über die Systemmatrix A erfolgt die Rückführung der Zustandsgröße innerhalb des Systems. Die Ausgangsgröße wird bei nicht sprungfähigen Systemen ausschließlich aus der Zustandsgröße und der Ausgangsmatrix C ermittelt. Neben der Beschreibung des Systems anhand der mathematischen Gleichungen kann das Übertragungsverhalten ebenfalls als Blockschaltbild dargestellt werden, Bild 2.11. Besteht der Eingangs- bzw. Ausgangsgrößenvektor lediglich aus einem Element, so wird die Eingangs- bzw. die Ausgangsmatrix durch einen Vektor beschrieben. Zur Analyse der Stabilität des Systems ist es ausreichend, die Systemmatrix A zu untersuchen, da diese als einzige in einem geschlossenen Wirkungspfad enthalten ist [ABEL06].

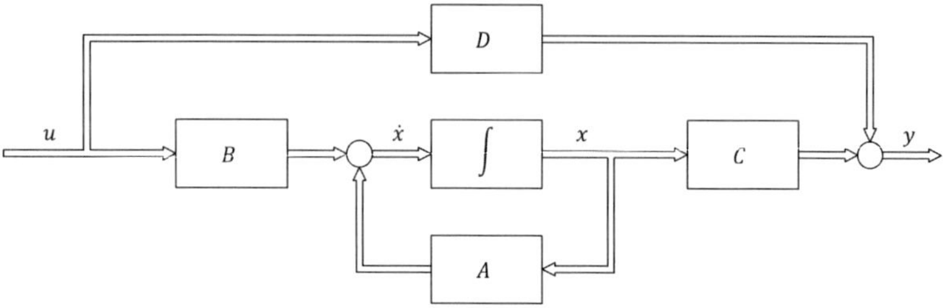

Bild 2.11: Lineares Übertragungssystem im Zustandsraum [ABEL06]
Linear transfer system in state space [ABEL06]

Soll die Zustandsraumdarstellung für digitale Abtastregelungen eingesetzt werden, werden die Differentialgleichungen in Differenzengleichungen überführt, Formeln (2.13) und (2.14).

$$\vec{x}(k+1) = A_D\vec{x}(k) + B_D\vec{u}(k) \tag{2.13}$$

$$\vec{y}(k) = C_D\vec{x}(k) + D_D\vec{u}(k) \tag{2.14}$$

Eine Überführung der Matrizen aus der zeitkontinuierlichen Beschreibung erfolgt anhand der Formeln (2.15) bis (2.18) in Abhängigkeit von der Abtastzeit T_s.

$$A_D = e^{AT_s} \tag{2.15}$$

$$B_D = (e^{AT_s} - I)A^{-1}B \tag{2.16}$$

$$C_D = C \tag{2.17}$$

$$D_D = D \tag{2.18}$$

Neben der Beschreibung des dynamischen Systemverhaltens erlaubt die zeitdiskrete Zustandsraumdarstellung auch die Beschreibung totzeitbehafteter Übertragungsglieder. Tritt die Totzeit am Eingang des Systems auf, so wird durch eine zusätzliche Anzahl an Zustandsgrößen der Eingangsgrößenvektor zunächst um die Anzahl der Totzeitschritte verzögert, bevor er auf den dynamischen Teil des Systems wirkt. Die Systemmatrix A wird entsprechend erweitert, sodass der Eingangsgrößenvektor in jedem Abtastschritt um ein Element im Zustandsvektor verschoben wird. Wirkt die Totzeit auf den Ausgang des Systems, so erfolgt zunächst die Wirkung des Eingangsgrößenvektors auf den dynamischen Teil des Systems und anschließend eine Verzögerung der Zustandsgröße. Ebenfalls kann die Totzeit zwischen den Zustandsgrößen auftreten [ISER87]. Alternativ ist es möglich, den Einfluss der Totzeit über eine Anpassung der Systemparameter zu berücksichtigen.

2.3.3 Adaptive Regelungsverfahren

Adaptive Regelungen werden angewendet, um eine stets performante Reglereinstellung zu gewährleisten, wenn die Prozessparameter in einem weiten Bereich zeitvariant sind. Dazu wird das Übertragungsverhalten der Regelstrecke bzw. des geschlossenen Regelkreises zur Laufzeit bestimmt und eine Adaption des Reglers vorgenommen. Erfolgt die Veränderung der Prozessparameter hochdynamisch, ist die Verwendung einer adaptiven Regelung meist nicht möglich.

Zur Beschreibung von Regelstrecke und Regelkreis werden parametrische Modelle in Form von mathematischen Gleichungen und nicht-parametrische Modelle in Form von Wertetabellen oder Kurven eingesetzt. Parametrische Modelle können aus physikalischen Zusammenhängen hergeleitet werden, wobei nicht-parametrische Modelle z. B. aus einer Frequenzgangmessung ermittelt werden [ISER07]. Zur Identifikation eines dynamischen Systems ist eine geeignete Anregung der Regelstrecke herbeizuführen und das Ausgangsverhalten zu beobachten. Eine Identifikation kann am offenen sowie am geschlossenen Regelkreis durchgeführt werden [ISER92].

Unbehauen unterscheidet zwischen gesteuerter Adaption, geregelter Adaption ohne Vergleichsmodell und geregelter Adaption mit Vergleichsmodell. Bei der gesteuerten Adaption erfolgt die Anpassung der Reglerparameter lediglich auf Basis von bekannten Parameteränderungen der Regelstrecke sowie den auf die Regelstrecke wirkenden Störgrößen. Bei der geregelten Adaption ohne Vergleichsmodell (engl. selftuning oder parameter adaptive control) wird das Übertragungsverhalten der Regelstrecke aus der Stell- und der Ausgangsgröße bestimmt. Hieraus werden die Reglerparameter ermittelt und dem Regler zugewiesen, Bild 2.12 a).

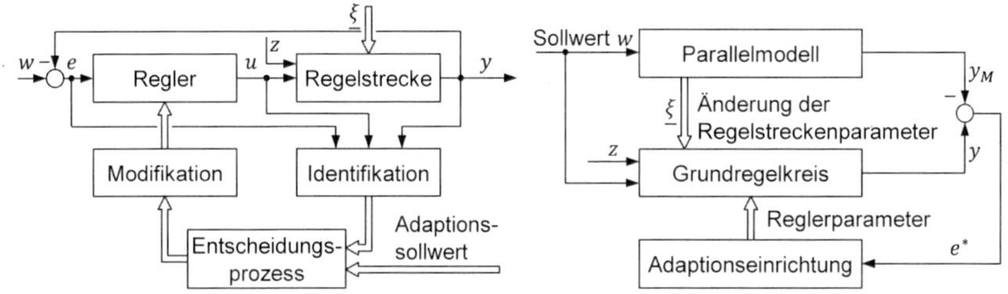

a) geregelte Adaption ohne Vergleichsmodell b) geregelte Adaption mit Vergleichsmodell

Bild 2.12: Adaptive Regelungsverfahren in Anlehnung an [UNBE11]
Adaptive control system according to [UNBE11]

Bei der geregelten Adaption mit Vergleichsmodell (engl. model reference adaptive control, MRAC) wird das Übertragungsverhalten des geschlossenen Regelkreises mit einem Referenzmodell verglichen. Aus der Abweichung werden in einer Adaptionseinrichtung neue Reglerparameter ermittelt und dem Regler zugewiesen, Bild 2.12 b). [UNBE11]

2.3.4 Modellbasierte prädiktive Regelung

Die modellbasierte prädiktive Regelung oder modellprädiktive Regelung (MPR) beschreibt ein Verfahren der höheren Regelungstechnik, welches in den 1960er Jahren für die Prozessregelung in der chemischen Industrie entwickelt wurde [MORA99]. Kennzeichnend für viele dieser Prozesse sind mehrere Eingangs- und Ausgangsgrößen sowie ein stark totzeitbehaftetes Verhalten. Neben der Regelung von Einzelprozessen findet die MPR auch Anwendung in der übergeordneten Regelung von Prozessen, welche für sich jeweils mit PID-Reglern geregelt werden [FORB15]. Die Anzahl der im Einsatz befindlichen modellprädiktiven Regelungen ist in den letzten Jahren deutlich gestiegen [DITT04]. Im englischsprachigen Raum werden neben der Bezeichnung Model Predictive Control (MPC) unter anderem auch die Begriffe Receding Horizon Control (RHC) oder Generalized Predictive Control (GPC) verwendet.

Aufbau und Funktionsweise der MPR

Die Kernaspekte der MPR lassen sich in folgenden Punkten zusammenfassen:

- Explizite Verwendung eines Regelstreckenmodells
- Vorgabe eines Sollwertverlaufs in Form einer Referenztrajektorie
- Beschreibung der Regelungsaufgabe in Form eines Optimierungsproblems mit Kostenfunktion
- explizite Berücksichtigung von Begrenzungen
- Prinzip des zurückweichenden Horizontes

Hauptbestandteil der MPR ist das Modell der Regelstrecke im Zustandsraum, welches zur Vorhersage des zukünftigen Verhaltens der Regelstrecke eingesetzt wird. Da für lineare Übertragungsglieder das Superpositionsprinzip gilt, kann der zukünftige Verlauf der Regelgröße aus der freien Regelgröße und der erzwungenen Regelgröße ermittelt werden. Die freie Regelgröße f bezeichnet dabei die Antwort der Regelstrecke, wenn die Eingangsgröße ab dem Zeitpunkt $k-1$ nicht mehr verändert wird und die Systemantwort daher nur von den bisherigen Eingangswerten abhängt. Die Notation $a(k+j \mid k)$ beschreibt den Wert einer Größe a zum Abtastschritt $k+j$, welcher vom Abtastschritt k aus prädiziert wird. Entsprechend bezeichnet $a(\cdot \mid k)$ den gesamten prädizierten Verlauf der Größe a zum Abtastschritt k. Die erzwungene Regelgröße $\phi \Delta u$ stellt den Teil der Systemantwort dar, welcher durch die Wahl der folgenden Stellwerte beeinflusst wird. Die Matrix Φ wird mit den Gleichungen für den Zustandsraum, Formeln (2.13) und (2.14), aus den Systemmatrizen berechnet, der Vektor Δu bezeichnet die Änderung der Stellgröße für die folgenden Abtastschritte. Damit ergibt sich der zukünftige Verlauf der Regelgröße zu

$$y(\cdot \mid k) = f(\cdot \mid k) + \Phi \Delta \mathrm{u}(\cdot \mid k)\,. \tag{2.19}$$

Aus dem prädizierten Verlauf der Regeldifferenz wird durch Optimierung eine optimale Stellgrößenfolge zur Minimierung einer Kostenfunktion ermittelt. Die Länge dieser Stellgrößenfolge wird als Stellhorizont N_u bezeichnet. Von der berechneten Stellgrößenfolge wird jedoch nur der erste Wert $u(k \mid k)$ auf die Regelstrecke gegeben. Im folgenden Abtastschritt wird entsprechend verfahren und das Optimierungsproblem erneut gelöst. Dieses Prinzip wird als das Prinzip des zurückweichenden Horizontes bezeichnet.

Für die Bildung der Regeldifferenz wird lediglich ein Fenster der Regeldifferenz zwischen unterem und oberem Prädiktionshorizont, N_1 bzw. N_2, betrachtet. Bei der Wahl der Horizonte ist die Länge der Totzeit sowie die Dynamik der Regelstrecke zu berücksichtigen. [ABEL06] Wird die Totzeit durch das Modell abgebildet, ist eine Berücksichtigung bei der Wahl des unteren Prädiktionshorizontes nicht erforderlich.

Als Referenztrajektorie wird der dynamische Sollwertverlauf der Regelung bezeichnet. Insbesondere bei sprungförmiger Änderung der Sollwertvorgabe wird durch die Bildung einer Referenztrajektorie ein Übergang zwischen altem und neuem Sollwert herstellt, Bild 2.13 a). Stimmt das Modell der Regelstrecke sehr gut mit der Realität überein, so kann, je nach Anwendung, auf eine Rückführung der Regelgröße verzichtet werden. Aus regelungstechnischer Sicht ergibt sich damit eine Steuerung. Ist die Regelstrecke beobachtbar, so wird der Zustandsvektor der Regelstrecke z. B. durch ein Kalman-Filter geschätzt und aktualisiert, Bild 2.13 b).

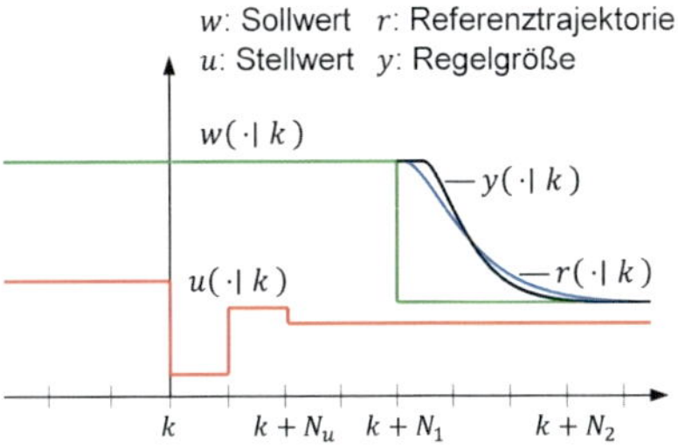

a) Verfahrensprinzip

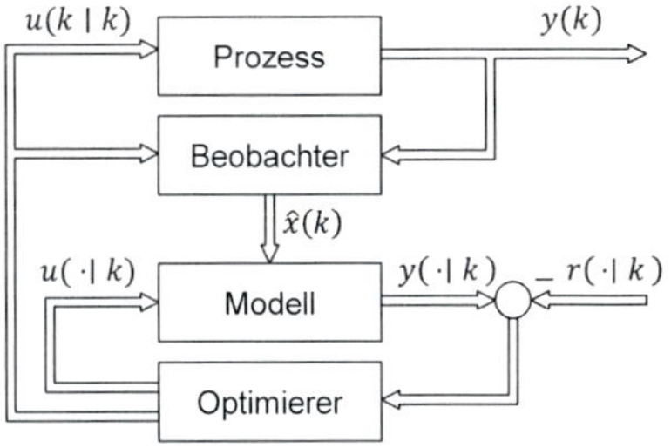

b) Blockschaltbild

Bild 2.13: Modellbasierte prädiktive Regelung in Anlehnung an [ABEL06] und [ADAM14]
Model-based predictive control following [ABEL06] and [ADAM14]

Beschreibung und Lösung des Optimierungsproblems

Zur Berechnung der optimalen Stellgrößenfolge wird innerhalb der MPR eine Kostenfunktion aufgestellt, welche das regelungstechnische Problem beschreibt. Eingang in die Kostenfunktion finden üblicherweise die Regelabweichung und der Stellaufwand. Eine Berücksichtigung beliebiger anderer Größen in der Kostenfunktion ist ebenfalls möglich. Häufig wird die Kostenfunktion als Summe aus dem Quadrat der ℓ^2-Norm der Regelabweichung und dem Quadrat der ℓ^2-Norm der Änderung der Stellgröße Δu ermittelt [CLAR87]. Dabei kann die Gewichtung der Summanden den Anforderungen entsprechend über die Gewichtungsmatrizen Q und R angepasst werden, Formel (2.20).

$$J = \|e(\cdot| k)\|_Q^2 + \|\Delta u\|_R^2 = \|f(\cdot| k) + \Phi\Delta u(\cdot| k) - r(\cdot| k)\|_Q^2 + \|\Delta u\|_R^2 \tag{2.20}$$

Mit der freien Regelabweichung $e' = f - r$ ergibt sich die Kostenfunktion zu

$$J = e'(\cdot| k)^T Q e'(\cdot| k) + 2e'(\cdot| k)^T Q \Phi \Delta u(\cdot| k) \\ + \Delta u(\cdot| k)^T (\Phi^T Q \Phi + R) \Delta u(\cdot| k)\,. \tag{2.21}$$

Die Minimierung dieser Kostenfunktion wird in jedem Abtastschritt k durchgeführt und ergibt die im aktuellen Schritt optimale Stellgrößenfolge [BEMP06]. Existieren Nebenbedingungen, so wird der Lösungsraum durch diese eingeschränkt, Bild 2.14.

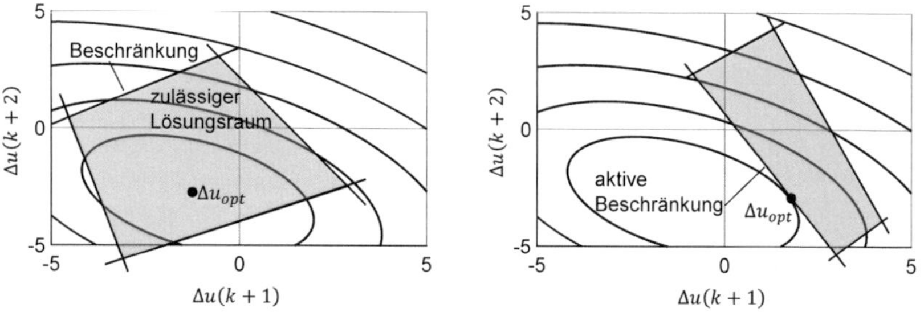

Optimum Δu_{opt} liegt innerhalb des zulässigen Bereichs

Δu_{opt} liegt auf dem Rand des zulässigen Bereichs

Bild 2.14: Lösung des Optimierungsproblems
Solving the optimization problem

Eine analytische Lösung der beschriebenen Kostenfunktion ist lediglich im unbeschränkten Fall möglich. Ein besonderer Vorteil der MPR ist die Regelung unter Einhaltung von Begrenzungen der Stell-, Regel- oder Zustandsgrößen, wodurch sich Ungleichheitsbedingungen bei der Lösung des Optimierungsproblems ergeben. [ROSS03] Zur Lösung werden numerische Lösungsverfahren, wie z. B. das active-set Verfahren oder der interior-point-convex Algorithmus, genutzt [MACI02].

Stabilitätsbetrachung

Für die Stabilitätsanalyse von linearen Systemen existieren entsprechende mathematische Verfahren. Zur Untersuchung der Stabilität einer MPR sind nur wenige Verfahren verfügbar. Ein umfassender Stabilitätsnachweis ist meistens nicht möglich. Die Untersuchung der Stabilität erfolgt während der Implementierung häufig nur anhand von Einzelfällen experimentell oder simulativ. Im Sonderfall der MPR mit linearen Prozessmodellen und ohne Beschränkungen ergibt sich ein linearer Regler, dessen Stabilitätsverhalten analytisch untersucht werden kann. Werden Beschränkungen im Optimierungsproblem berücksichtigt, wird der Regler trotz linearem Prozessmodell zu einem nichtlinearen Regler [MAYN00]. Ein analytischer Stabilitätsnachweis kann nicht mehr geführt werden. Eine allgemeine Möglichkeit der Stabilitätsuntersuchung bietet die Methode von Ljapunov. Sofern nachgewiesen werden kann, dass die Kostenfunktion der MPR einer Ljapunov-Funktion entspricht, kann auch eine Aussage über die Stabilität gemacht werden. Adamy stellt fest, dass die beiden ersten Bedingungen einer Ljapunov-Funktion gegeben sind. Die dritte Bedingung für eine Ljapunov-Funktion besagt, dass die Funktion $V(\vec{x})$ an der Stelle der Ruhelage ein striktes lokales Minimum besitzt. Hieraus ergibt sich die Forderung an die Kostenfunktion zu

$$J(k) - J(k-1) < 0 \tag{2.22}$$

während eines Ausregelvorgangs. Diese Forderung kann für spezielle Einzelfälle untersucht werden, um dort das notwendige Kriterium für die Stabilität zu zeigen, jedoch nicht umfassend, sodass kein vollständiger Beweis erbracht werden kann. [ADAM14]. Weiterhin ist die Erfüllung dieser Forderung keine Garantie für ein schnelles Auffinden der Ruhelage bzw. für einen schnellen Ausregelvorgang.

2.4 Maschinentechnologie

Für die Regelung der Prozesskraft ist es erforderlich, die relevanten Stellgrößen zu beeinflussen. Beim Fräsprozess stellen die geometrischen Eingriffsgrößen sowie die Prozessparameter Vorschub und Schnittgeschwindigkeit die Prozesseingangsgrößen dar, wobei die geometrischen Eingriffsgrößen mit der Erzeugung der Werkzeugbahn festliegen. Der Vorschub übt den maßgeblichen Einfluss auf die Prozesskraft aus, sodass eine Beeinflussung der Vorschubgeschwindigkeit erforderlich ist. Da für die Regelung keine zusätzlichen Stellglieder in den Prozess integriert werden sollen, ist es notwendig, das Geschwindigkeitsverhalten der Vorschubachsen zu beeinflussen.

Im Folgenden wird zunächst ein kurzer Abriss über die Historie der Maschinentechnik gegeben. Zum besseren Verständnis des mechatronischen Systems der Vorschubantriebe wird anschließend auf die regelungstechnisch relevanten Komponenten und die Erzeugung der Sollwerttrajektorie eingegangen.

2.4.1 Historie der Maschinentechnik

Bereits in der Steinzeit existierten Vorrichtungen und Maschinen zur Bohrbearbeitung. Erste Vorrichtungen zur Drehbearbeitung werden der Zeit um 300 v. Chr. in Ägypten zugeordnet. Mit der Erfindung der Dampfmaschine im 18. Jahrhundert wird es erforderlich, Metall mit einer hohen Präzision zu bearbeiten. Daher werden Bohr- und Drehmaschinen für die Metallbearbeitung entwickelt. Für die Planbearbeitung werden zu dieser Zeit Hobel- und Stoßmaschinen eingesetzt. Die Dampfmaschine ermöglicht den Antrieb dieser Maschinen, wo vorher ein manueller Antrieb oder ein Antrieb durch Wasserkraft notwendig war. [SPUR91; MOMM79]

In der Mitte des 18. Jahrhunderts wird bereits auf den ersten Drehmaschinen mit rotierenden Feilen ein dem Fräsen ähnlicher Prozess durchgeführt. Dies führt im Vergleich zum manuellen Feilen zu einer deutlichen Steigerung der Produktivität. Eine der ersten Fräsmaschinen für Metall wird dem US-Fabrikanten Eli Whitney zugeschrieben. Die ca. 1818 entwickelte Maschine ist auf einem Grundkörper aus Holz aufgebaut. Zur Erzeugung der Vorschubbewegung wird der Maschinentisch mithilfe eines Schneckentriebes bewegt. Auf das gleiche Jahr wird ebenfalls die „Middletown milling machine“ datiert, welche in Middletown in einer Waffenfabrik eingesetzt wurde. Hierbei wird ebenfalls eine lineare Vorschubbewegung aus einer rotatorischen Bewegung erzeugt. Eine Weiterentwicklung der Fräsmaschinen wird hauptsächlich in Waffenfabriken vorangetrieben. Ab ca. 1850 findet die Fräsmaschine vom Typ „Lincoln-Miller“ weite Verbreitung, Bild 2.15. Die entwickelten Fräsmaschinen ersetzen aufgrund der höheren Produktivität des Fräsverfahrens in vielen Bereichen das Hobeln, Stoßen und Feilen. [SPUR91; MOMM79]

Bild 2.15: Historische Fräsmaschinen [MOMM79]
Historic milling machines [MOMM79]

Mit der Weiterentwicklung und industriellen Verbreitung des Elektromotors Ende des 19. Jahrhunderts werden die bisherigen indirekten Antriebe ersetzt. Die Entwicklung von Servoantrieben ermöglicht in den 1950er Jahren die Entwicklung der ersten numerisch gesteuerten (NC) Maschinen in den USA. Damit wird es möglich, beliebig geformte Flächen wiederholgenau zu fertigen. Die Programmierung erfolgt dabei über Lochkarten. Zur Unterstützung bei der Erstellung von Bearbeitungsprogrammen wird bereits in den 1960er Jahren das Programmiersystem EXAPT entwickelt, das neben der Berechnung der Werkzeugbahn auch technologische Parameter wie Schnitttiefe und Vorschubgeschwindigkeit berücksichtigt. [EVER06]

Mithilfe der fortschreitenden Entwicklung der Halbleiter- und Digitalrechnertechnik werden in den 1970er Jahren die ersten computer-numerisch gesteuerten (CNC) Werkzeugmaschinen entwickelt. Die Programmieranweisung wird dabei nicht satzweise von einem Lochstreifen eingelesen, sondern steht vollständig auf der Steuerung zur Verfügung. Im Gegensatz zur verbindungsprogrammierten NC-Steuerung werden vom Steuerungsrechner auch zusätzliche Funktionen bereitgestellt, sodass eine deutliche Leistungssteigerung erreicht wird. [SPUR79]

Der Trend in der Werkzeugmaschinenindustrie geht derzeit in Richtung von Hybrid-Bearbeitungszentren, sodass unterschiedliche Fertigungsverfahren wie Fräsen, Drehen, Schleifen und Honen in einer Aufspannung durchgeführt werden können. Der Vorteil ist hier in der Reduktion der Fertigungskosten, einer Steigerung der Qualität und der Senkung von Durchlaufzeiten zu sehen. [SPUR14, S. 407] Weiterhin werden zusätzliche, nicht-spanende Prozesse, wie z. B. das Laserhärten oder additive Fertigungsprozesse, wie das selektive Lasersintern, in Werkzeugmaschinen integriert [BREC11c].

2.4.2 Vorschubantriebe an Werkzeugmaschinen

Die Aufgabe der Vorschubeinheit einer Fräsmaschine ist die Ausführung der relativen Vorschubbewegung zwischen Werkzeug und Werkstück. Für den Antrieb werden heute fast ausschließlich permanenterregte Synchron-Servomotoren genutzt. Die

Wandlung der rotatorischen in eine lineare Bewegung wird in der Regel durch einen Kugelgewindetrieb realisiert.

Um ein Bauteil mit seinen geometrisch definierten Größen herstellen zu können, wird die Position der Vorschubachsen geregelt. Zur Erhöhung der dynamischen Eigenschaften des Systems sind dem Positionsregelkreis weitere Regelkreise unterlagert. Nach innen folgen dem Positionsregelkreis der Geschwindigkeitsregelkreis sowie der Stromregelkreis, Bild 2.16. Wird eine hohe Positioniertreue gefordert, ist eine Messung der Position über ein lineares Wegmesssystem erforderlich.

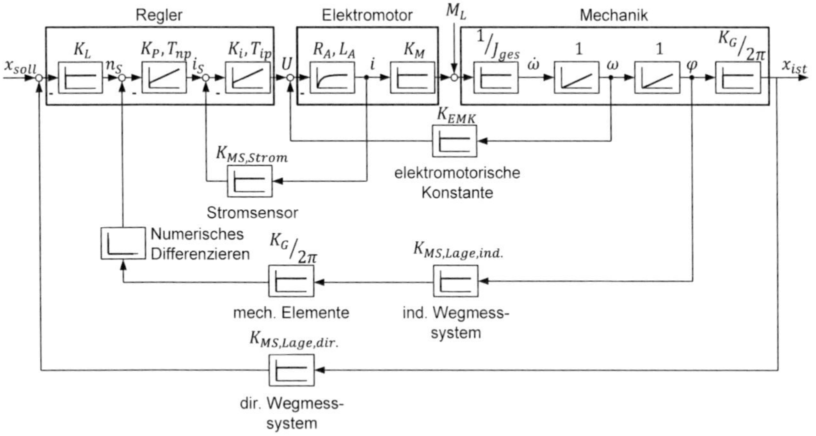

Bild 2.16: Wirkungsplan einer Vorschubachse in Anlehnung an [WECK06b]
Action diagram of a feed drive following [WECK06b]

Störgrößen wie Reibung, Prozesslast sowie nicht berücksichtigte dynamische Effekte, die auf den Regelkreis wirken, werden durch eine Vorsteuerung sowie die Rückführungen verringert [ALTI11].

Zur Modellierung des Übertragungsverhaltens des gesamten Regelkreises können häufig Vereinfachungen getroffen werden. Unter Vernachlässigung der elektromotorischen Konstante bei geringen Geschwindigkeiten kann der Stromregelkreis als PT_1-Glied angenommen werden. Damit ergibt sich vereinfacht ein PT_2-Verhalten für den Geschwindigkeitsregelkreis. Durch die hohe Dynamik heutiger Stromregler kann der Stromregler ggf. zu einem idealen P-Regler angenommen werden, sodass für den Geschwindigkeitsregelkreis ein Verzögerungsglied erster Ordnung resultiert. [WECK06b]

2.4.3 Erzeugung der Sollwerttrajektorie für die Regelkreise

Im Gegensatz zur Punkt- oder Streckensteuerung ermöglicht die Bahnsteuerung das Abfahren einer definierten Werkzeugbahn im Raum, sodass beliebig gekrümmte Freiformflächen hergestellt werden können. Hierfür ist eine gezielte Überlagerung der Bewegung der einzelnen Vorschubachsen notwendig.

Aus den über das NC-Programm eingegebenen geometrischen und technologischen Informationen werden in der Interpolationseinheit der CNC-Steuerung die notwendigen Vorgaben für die Regelkreise der Achsen berechnet [WECK06a]. Ebenfalls berücksichtigt werden die Werte der Override-Schalter an der Bedientafel, die eine multiplikative Veränderung der Schnitt- bzw. Vorschubgeschwindigkeit bewirken. Neben der Berechnung von geometrischen Zwischenpunkten ist ein Geschwindigkeits- und Beschleunigungsprofil zu ermitteln. Hierbei sind die Grenzwerte der Antriebs- und Maschinenkomponenten zu berücksichtigen. Zur Vermeidung von dynamischen Anregungen ist ebenfalls der Ruck in die Berechnung einzubeziehen. [ERKO01]

Neben den Eingaben aus dem NC-Programm werden geometrische Korrekturen wie die Werkzeugkorrektur, die Korrektur von Spindelsteigungsfehlern und die Korrektur von thermischen Verlagerungen vom Interpolator berücksichtigt. Ebenfalls werden einfache Transformationen des Koordinatensystems sowie Transformationen für die 5-Achs-Bearbeitung berechnet. [WECK06a]

Die Abtastzeit des Interpolators ist von der verwendeten Rechnerhardware abhängig und muss mindestens der Abtastzeit des Lageregelkreises entsprechen. In heutigen Bearbeitungszentren werden Abtastzeiten des Lageregelkreises zwischen 1 ms und 4 ms und des Interpolators zwischen 1 ms und 8 ms realisiert.

2.5 Bestehende Regelungskonzepte für das Fräsen

Durch die Regelung von Fertigungsprozessen können signifikante Steigerungen der Effizienz, der Werkzeuglebensdauer sowie der Produktqualität erreicht werden [STAV13]. Als technologisch relevante Regelgrößen beim Fräsen können Prozesskraft, Drehmoment, Temperatur, Werkzeugverschleiß etc. identifiziert werden. Durch den unterbrochenen Schnitt, die über dem Vorschubrichtungswinkel variierende Spanungsdicke sowie Schwankungen durch den Rundlauffehler weisen die möglichen Regelgrößen in der Regel keinen konstanten Verlauf auf. Daher ist häufig eine Vorverarbeitung der Messsignale, z. B. durch Maximalwertbildung, notwendig, um dem Regelungssystem eine verwertbare Messgröße zur Verfügung zu stellen. Die Entwicklung und Applikation von Sensoren ermöglicht neben der Messung der Regelgröße auch die Erfassung von Störgrößen. Müller entwickelte eine Sensorik zur Erfassung des Schnittbogens und Methoden zur Signalauswertung zum Erfassen von Schwingungen. [MÜLL76] Brandstätter realisierte eine Verschleißmessung durch eine kapazitive Abstandsmessung zwischen Werkzeuggrundkörper und erzeugter Werkstückoberfläche, die die Umsetzung einer Optimierregelung ermöglichte. [BRAN81]

Beim Fräsen ist eine Veränderung des Übertragungsverhaltens der Regelstrecke durch wechselnde Eingriffsgrößen gegeben. Werden zeitinvariante Regler genutzt, führt dies zu einem Verlust an Leistungsfähigkeit, Werkzeugbruch oder Instabilität [TLUS77]. Im Folgenden werden bereits realisierte Regelungssysteme für den Fräsprozess vorgestellt. Zunächst erfolgt eine Klassifizierung der Systeme anhand möglicher Zielgrößen. Nachfolgend werden adaptive Regelungskonzepte beschrieben, die eine Veränderung des Übertragungsverhaltens der Regelstrecke berücksichtigen. Anschließend werden Regelungssysteme dargestellt, die prozesstechnologisches Wissen zur Verbesserung der Regelgüte beim Fräsen nutzen. Abschließend werden Regelungskonzepte mit dem Verfahren der modellbasierten prädiktiven Regelung vorgestellt.

2.5.1 Klassifizierung der Regelungssysteme

Die ersten Prozessregelungssysteme an spanenden Werkzeugmaschinen wurden in den frühen 1960er Jahren entwickelt und unter dem Namen „Adaptive Control" (AC) Systeme bekannt. Dabei wird zwischen Grenzregelungen (ACC, Adaptive Control Constraint), Optimierregelungen (ACO, Adaptive Control Optimization) und geometrischen Regelungen (GAC, Geometric Adaptive Control) unterschieden. [LIAN04]

ACC-Systeme haben die Festwertregelung von Prozessgrößen zum Ziel. Neben Kräften und Momenten werden ACC-Regelungen auch zur Vermeidung von Schwingungen in Bearbeitungsprozessen eingesetzt. GAC-Regelungen werden eingesetzt, um Abweichungen der Bauteilgeometrie zu reduzieren. [SCHE79]

ACO-Systeme hingegen haben in der Regel ein übergeordnetes Optimierungsziel, welches auf einer übergeordneten Prozessleitebene definiert wird und somit eine kostenoptimale Ausnutzung mehrerer ACC geregelter Produktionsmaschinen zum Ziel hat [KAPP79]. Centner et al. entwickelten in den 1960er Jahren für die US Air Force ein ACO-System zur Regelung von Drehmoment, Temperatur und Vibrationen beim Fräsen. [CENT64; HUBE68]

2.5.2 Adaptive Regelungskonzepte

Aus Sicht der Regelungstechnik handelt es sich bei adaptiven Regelungen um Regelungssysteme, bei welchen zur Laufzeit eine Adaption des Reglers stattfindet, vgl. Kapitel 2.3.3. Diese Definition trifft nicht immer auf die realisierten AC-Systeme an Werkzeugmaschinen zu, da es sich bei diesen häufig nur um eine Festwertregelung ohne Anpassung der Reglerparameter handelt [NOLZ97, S. 9]. Auf bestehende Regelungskonzepte, die eine Veränderung im Übertragungsverhalten der Regelstrecke nicht berücksichtigen, wird im Folgenden aufgrund der geringen Relevanz nicht eingegangen. Ebenso wird darauf verzichtet, Systeme auf Basis analoger Regler zu beschreiben.

Erste **adaptive Regelungen** beim Fräsen wurden in den 1970er und 1980er Jahren realisiert. Stute und Goetz implementierten eine Regelung mit PI-Regler mit adaptiver Verstärkung [STUT75], Watanabe und Iwai entwarfen einen adaptiven Regler mit Divisionsgesetz [WATA82] und Tomizuka setzte eine adaptive Regelung mit Vergleichsmodell um [TOMI83].

Weitere Forscher entwickelten **adaptive Regelungssysteme mit Vergleichsmodell** [LAUD89; LAUD88; FUSS88]. Eine Verbesserung der Stabilität konnte in einem System mit zero-phase-error-tracking realisiert werden [BART93; ROBE96]. Vorteile im Übergangsverhalten wurden durch eine Diskretisierung des Regelstreckenmodells als fractional-order-hold-Modell mit variabler Verstärkung erreicht [RUBI07a; RUBI07b]. Voraussetzung für die sichere Schätzung der Regelstreckenparameter bei **adaptiven Systemen ohne Vergleichsmodell** ist eine hinreichende Anregung der Regelstrecke und eine gute Übereinstimmung der Modelle mit der Realität [MOHA88; KOLA90]. Zur Steigerung der Robustheit stellt Qin ein Konzept mit einem Sliding Mode Regler vor [QIN05].

Für die **Beschreibung der Regelstrecke** erfolgt häufig eine Aufteilung in Servo-Antrieb und Prozess [FUSS88; CHAR01; DENK12]. Bei der Modellbildung und Identifikation werden die beiden Übertragungsglieder jedoch meist zu einem Gesamtsystem zusammengefasst. Das Übertragungsverhalten des Servo-Antriebs wird vielfach zu einem Verzögerungsglied erster oder zweiter Ordnung bestimmt, das Übertragungsverhalten des Fräsprozesses wird häufig ausgehend von einem Zerspankraftmodell linearisiert [CHAR01; NOLZ95b; LING90] und als Verzögerungsglied erster Ordnung [QIN05; KOLA90; HSIE92] beschrieben. Walz stellt dazu fest: *„Der Zerspanprozess vermag keine Energie zu speichern. Er hat somit ein reines Proportionalverhalten.“* [WALZ92, S. 32] Elbestawi berücksichtigt das nichtlineare Übertragungsverhalten des Fräsprozesses und nähert dieses durch einen linearen Anteil in Verbindung mit einem Potenzansatz an [ELBE87].

Anstelle von linearen Prozessmodellen wurden in der Vergangenheit ebenfalls **künstliche neuronale Netze** für die Regelung des Fräsprozesses eingesetzt. Cus gibt eine Übersicht über den Einsatz von künstlichen neuronalen Netzen für adaptive Regelungen beim Fräsen und entwickelt ein Regelungssystem mit Vorsteuerung auf Basis von neuronalen Netzen beim Fräsen mit Kugelkopffräsern [CUS11]. Liu und Zuperl nutzen neuronale Netze in einem adaptiven Regler ohne Vergleichsmodell [ZUPE06; LIU99].

Das Übertragungsverhalten des Fräsprozesses ist durch den Exponentialansatz im Kraftmodell nach Kienzle nicht als lineares Übertragungsglied beschreibbar. Bei der Regelung des **nichtlinearen Fräsprozesses** mit linearen Reglern erfolgt eine Linearisierung im Arbeitspunkt, wodurch ein Verlust an Leistungsfähigkeit entsteht. Nolzen und Isermann tragen dem nichtlinearen Prozessverhalten Rechnung, indem das inverse Prozesskraftmodell nach Kienzle im Regler für die Regelung der Prozesskraft und -leistung beim Messerkopfstirnfräsen eingesetzt wird [NOLZ95a; NOLZ95b]. Landers und Ulsoy berücksichtigen ebenfalls das nichtlineare Übertragungsverhalten des Fräsprozesses beim Messerkopfstirnfräsen durch ein Prozessmodell mit Exponentialfunktion. Durch eine Substitution können dennoch lineare Regler eingesetzt werden [LAND00].

Durch die Verbesserung von Schneidstoffen und Beschichtungen erfolgt eine Steigerung der Prozessparameter Schnittgeschwindigkeit und Vorschubgeschwindigkeit. Folglich sind auch die Identifikationsfrequenz, die Frequenz zur Regleradaption und die Dynamik der Vorschubantriebe zu steigern, um unzulässig hohes Überschwingen über die Führungsgröße bei einer Veränderung der Eingriffsgrößen zu verhindern.

Cus stellt fest, dass adaptive Regelungssysteme ohne weitere Unterstützung nicht in der Lage sind, die Prozesskraft beim Fräsen effektiv zu regeln, da die Regelstrecke auf variierende Eingriffsgrößen nicht schnell genug reagieren kann [CUS11]. Pien und Tomizuka schlagen vor, zur Verbesserung des Übergangsverhaltens bei einer Änderung der Eingriffsgrößen Informationen aus dem CAD-System in die Regelung einzubeziehen [PIEN92].

2.5.3 Regelungsverfahren in Kombination mit a-priori Optimierung

Spence stellt ein Regelungssystem zur Reduktion von Kraftspitzen bei der Regelung der Aktivkraft vor. A-priori wird eine Berechnung der geometrischen Eingriffsgrößen durchgeführt. Steile Anstiege der Schnittbreite oder der Schnitttiefe werden rückwärts verlängert und ggf. geglättet. Basierend hierauf wird die Störgröße ΔF_p^{CAD} als Differenz zwischen der geschätzten Prozesskraft und dem Messwert ermittelt und auf die Regelgröße addiert, Bild 2.17.

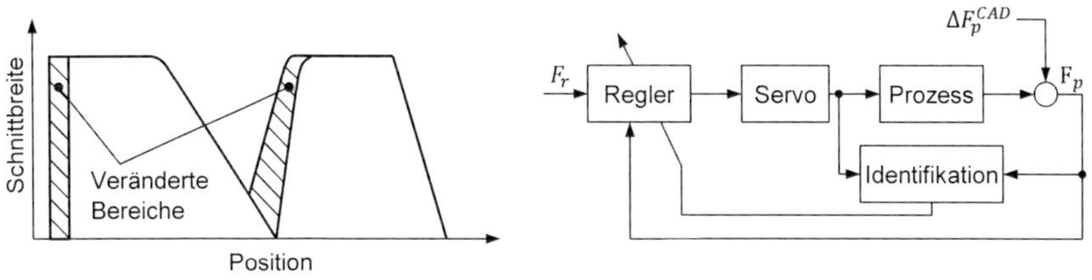

Bild 2.17: CAD unterstützte adaptive Regelung in Anlehnung an [SPEN91]
CAD assisted adaptive control according to [SPEN91]

Durch die gezielte Veränderung der ermittelten Eingriffsgrößen wird eine frühzeitige Reaktion des Reglers erreicht und daher ein Überschwingen der Regelgröße bei Änderung der Eingriffsgrößen wirksam verhindert. [SPEN91]

Richards entwickelt ebenfalls eine Methode zur Reduktion des Überschwingens bei Änderung der Eingriffsgrößen. Vorab wird der Vorschub im NC-Programm modellbasiert mit den Zielgrößen Abdrängung, maximale Spanungsdicke und Werkzeugbelastung optimiert. Veränderungen des Arbeitspunktes werden berücksichtigt, indem die erwartete Prozesskraft als Führungsgröße vorgegeben wird. [RICH02] Nouri erweitert das System um eine Werkzeugverschleißüberwachung auf Basis der geschätzten Prozesskenngrößen [NOUR13].

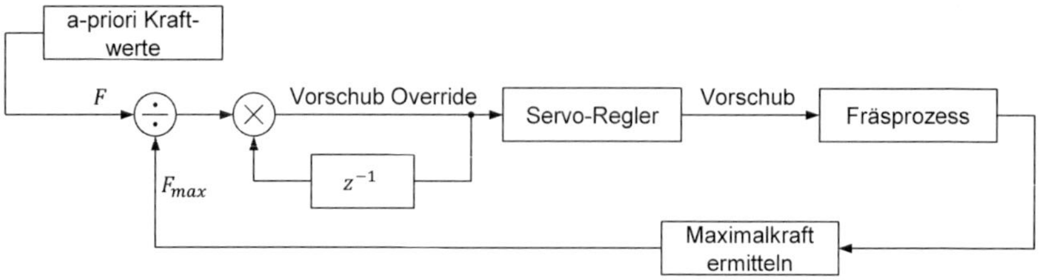

Bild 2.18: Kombination von a-priori Optimierung und Regelung in Anlehnung an [NOUR13]
Merging a-priori optimization and closed-loop control according to [NOUR13]

2.5.4 Modellbasierte prädiktive Regelungssysteme

Altintas stellt fest, dass adaptive Regelungen im Einzelfall bei entsprechender Parametrierung gut funktionieren, jedoch für einen minimalen Implementierungsaufwand bei veränderlichem Maschinenverhalten und Prozessparametern nicht nutzbar sind. Daher wird das Verfahren der MPR zur Festwertregelung der Aktivkraft angewendet. Das Übertragungsverhalten zwischen Vorschubsollwert f_c und maximaler Aktivkraft F_p für einen stabilen Prozess wird durch eine zeitdiskrete Übertragungsfunktion 3. Grades beschrieben, Formel (2.23).

$$G_p(z^{-1}) = \frac{f_c(k)}{F_p(k)} = \frac{z^{-1}(b_0 + b_1 z^{-1} + b_2 z^{-2})}{1 + a_1 z^{-1} + a_2 z^{-2}} \qquad (2.23)$$

Durch die Abhängigkeit der Modellparameter von den Eingriffsgrößen sowie der Parametrierung der Vorschubantriebe werden diese in jedem Abtastschritt von einem rekursiven Least-Squares-Algorithmus bestimmt. Das Optimierungsproblem wird durch eine quadratische Kostenfunktion unter Berücksichtigung des Stellaufwandes beschrieben. Die Berechnung des optimalen Stellwertes erfolgt ohne Berücksichtigung von Nebenbedingungen über einen Prädiktionshorizont von vier Schritten. Eine Begrenzung der Stellgröße wird erst nachfolgend in der Steuerung realisiert. Die Referenztrajektorie wird als fester Sollwert vorgegeben. [ALTI96; ALTI12]

Mehta stellt ein Konzept zur Reduktion der geometrischen Abweichung beim Drehen von schlanken Wellen vor. Ein Geometriemodell ermöglicht der MPR die Regelung der geometrischen Abweichungen, welche aus der Durchbiegung der Welle resultieren. [MEHT11]

2.6 Fazit

Seit der Untersuchung zur Kinematik des Fräsprozesses von Martellotti haben sich Wissenschaftler eingehend mit der Prozesstechnologie beschäftigt. Die Vorhersage der Zerspankraft zur Prozessoptimierung und Maschinenauslegung stellt auch heute noch einen wichtigen Aspekt dar. Für die Modellierung der Zerspankraft beim Fräsen mit Schaftfräsern werden hauptsächlich empirische Ansätze verfolgt. Für die Bestimmung der Modellparameter kann derzeit noch nicht auf die Durchführung von Zerspanversuchen verzichtet werden.

Modellbasierte a-priori Optimierungen sind heute aufgrund der Verfügbarkeit von Modellen und Softwarepaketen in der Lage, eine Parameteroptimierung durchzuführen, wobei die Qualität der Optimierung signifikant von der Modellgüte abhängt. Auf den Prozess wirkende Störgrößen wie Werkzeugverschleiß, Chargenschwankungen, Härtegradienten etc. können a-priori nur bedingt vorhergesagt und bei der Optimierung berücksichtigt werden. Eine exakte Einhaltung definierter Zielgrößen ist daher nur durch den Einsatz entsprechender Sensorik und Regelungssysteme zu erreichen.

Das Übertragungsverhalten der Regelstrecke beim Fräsen ist auch unter konstanten Eingriffsgrößen nicht als lineares Übertragungsglied zu beschreiben, was durch den Exponentialansatz im Kraftmodell nach Kienzle ausgedrückt wird. Bei den umgesetzten Regelungssystemen wird in der Regel eine Linearisierung im Arbeitspunkt, welcher maßgeblich von den Eingriffsgrößen beeinflusst wird, durchgeführt. Eine Veränderung der Schnitttiefe bewirkt eine näherungsweise proportionale Verschiebung des Arbeitspunktes. Bei einer Vergrößerung des Arbeitseingriffs gelangen ggf. weitere Schneiden in den Eingriff und leisten einen Beitrag zur Prozesskraft.

Adaptive Regelungssysteme sind in der Lage, das veränderliche Übertragungsverhalten der Regelstrecke zu identifizieren, im Regler zu berücksichtigen und damit eine höhere Regelgüte zu erreichen. Die eingesetzten Verfahren reichen von adaptiven PID-Reglern bis hin zu Verfahren mit geregelter Adaption mit parallelem Vergleichsmodell. Neben den adaptiven Regelungen wurden Regelungssysteme in Verbindung mit einer a-priori Optimierung umgesetzt, welche Vorteile bei der Reaktion auf eine Arbeitspunktverschiebung zeigen. Das Regelungsverfahren der modellbasierten prädiktiven Regelung wurde bereits für die Regelung der Prozesskraft beim Fräsen angewendet, jedoch mit linearem Regelstreckenmodell und rekursiver Regelstreckenidentifikation.

Für die Regelung der Prozesskraft beim Fräsen lassen sich aus dem Stand der Erkenntnisse folgende Defizite ableiten:

1. Das Übertragungsverhalten der Regelstrecke ist zeitvariant und verändert sich entlang der Werkzeugbahn durch zunehmenden Werkzeugverschleiß, Chargenschwankungen, materialabhängige Veränderungen sowie eine Veränderung der Eingriffsgrößen. In den umgesetzten Regelungskonzepten wird die Regelstrecke meist durch lineare Regelkreisglieder dargestellt und mit Methoden der Regelungstechnik identifiziert. Hieraus resultiert ein stark eingeschränkter Gültigkeitsbereich des Regelstreckenmodells. Bei den adaptiven Verfahren ohne Vergleichsmodell ist ein Mindestmaß an Anregung zur Identifikation notwendig. Es fehlen Methoden für die Beschreibung und Identifikation des Übertragungsverhaltens der Regelstrecke beim Fräsen, die prozesstechnologisches Wissen berücksichtigen und damit einen größeren Gültigkeitsbereich abdecken.

2. In den bestehenden Regelungssystemen werden sehr häufig lineare Regler zur Regelung des nichtlinearen Fräsprozesses eingesetzt, woraus sich ein entsprechender Verlust an Performance ergibt. Es existieren keine modellbasierten Regler für den Fräsprozess, die prozessspezifische Anforderungen an den Regelgrößenverlauf sowie wirtschaftliche Anforderungen nach minimalen Fertigungskosten und minimaler Fertigungszeit erfüllen. Es fehlen Reglerstrukturen, die die prozesstechnologischen Randbedingungen sowie entsprechende Prozessmodelle für die optimale Berechnung der Stellgröße berücksichtigen.
3. Bei den bestehenden adaptiven Regelungskonzepten wird durch die Adaption des Reglers die Stabilität des Systems bei veränderlichem Arbeitspunkt gewährleistet. Aufgrund der begrenzten Dynamik der Regelstrecke ist jedoch ein signifikantes, technologisch nicht tragbares Überschwingen über die Führungsgröße bei einer sprunghaften Änderung der Eingriffsgrößen nicht zu verhindern. Die Regelungsansätze von Spence und Nouri nutzen a-priori bekanntes Prozesswissen, um unzulässig hohe Abweichungen von der Führungsgröße zu verhindern, setzen bei der Regelung jedoch ebenfalls ein lineares Verhalten im Arbeitspunkt voraus. Es sind keine prädiktiven Regelungskonzepte verfügbar, die a-priori bekanntes Prozesswissen im Regelungssystem berücksichtigen und somit die technologischen Anforderungen erfüllen.

3 Zielsetzung und Aufgabenstellung

Objective and Task Description

Eine Kraftregelung beim Fräsen ist sowohl aus technologischen als auch aus wirtschaftlichen Gründen vorteilhaft. Durch eine Regelung der Prozesskraft wird die mechanische Belastung von Werkzeug, Werkstück und Maschine eingestellt und das System vor Überlast geschützt. Aus technologischer Sicht resultiert aus einer konstanten Prozesskraft eine gleichmäßige Abdrängung, sodass sich eine Möglichkeit zur Kompensation von geometrischen Abweichungen ergibt. Wirtschaftlich werden durch die Regelung der Prozesskraft Werkzeugbruch sowie dadurch bedingter Ausschuss und bedingte Stillstandzeiten vermieden. Im Vergleich zum ungeregelten Prozess wird bei gleicher maximaler Werkzeugbelastung eine Reduktion der Prozesshauptzeit erreicht. Weiterhin ist die sichere Nutzung vorhandener Reststandwege möglich. Aufwände für Prozessauslegung und Prozessoptimierung werden durch ein Regelungssystem deutlich reduziert.

Für die vorliegende Arbeit wird die folgende Forschungshypothese formuliert:

> *Die modellbasierte prädiktive Regelung der Prozesskraft beim Fräsen führt durch die Integration eines Prozesskraftmodells in Verbindung mit der Kenntnis der lokalen Eingriffsgrößen am Werkstück zu einer Regelung hoher Güte.*

Aus der Forschungshypothese werden drei Forschungsfragen abgeleitet:

Forschungsfrage 1:

> *Wie kann das Übertragungsverhalten der Regelstrecke während der Bearbeitung identifiziert und durch ein Modell beschrieben werden?*

Forschungsfrage 2:

> *Welche prozessspezifischen Anforderungen ergeben sich an den Regler und wie können die entwickelten Modelle im Regler berücksichtigt werden?*

Forschungsfrage 3:

> *Wie muss ein prädiktives Regelungssystem für die Regelung der Zerspankraft beim Fräsen aufgebaut sein?*

Die Beantwortung der Forschungsfragen erfolgt unter den nachfolgenden Gesichtspunkten in den Kapiteln 4, 5 und 6.

Kapitel 4 widmet sich der Entwicklung von Methoden zur Regelstreckenidentifikation. Durch wechselnde Eingriffsgrößen, Werkzeugverschleiß, Härtegradienten und Chargenschwankungen resultiert eine Veränderung des Übertragungsverhaltens der Regelstrecke entlang der Werkzeugbahn. Um eine hohe Regelgüte zu erzielen, gilt es, diese Veränderungen zu erfassen und in geeigneter Weise durch ein Modell zu beschreiben. Dabei ist zu berücksichtigen, dass das Modell auch bei unterschiedlichen Eingriffsgrößen und Prozessparametern Gültigkeit besitzt, um eine gute Vorhersage des Übertragungsverhaltens zu ermöglichen. Diese Vorhersage wird im Regler zur Berechnung der Stellwerte genutzt.

In Kapitel 5 sind die prozessspezifischen Anforderungen an den modellbasierten prädiktiven Regler zu ermitteln und das Optimierungsproblem ist zu definieren. Hierfür ist zu untersuchen, welche Nebenbedingungen aus den technologischen Anforderungen an das Regelungssystem resultieren und wie diese im Regler berücksichtigt werden können. Technologisch hervorzuheben ist hierbei die Vermeidung von Überschwingen über die Führungsgröße. Aus wirtschaftlicher Sicht ist die Forderung nach minimalen Fertigungskosten und minimaler Prozesshauptzeit zu berücksichtigen. Weiterhin ist zu ermitteln, wie die in Kapitel 4 entwickelten Modelle und Methoden in die Reglerstruktur integriert werden. Diese Betrachtung ist ebenfalls unter der Berücksichtigung der ermittelten technologischen Randbedingungen durchzuführen.

Ziel des Regelungssystems ist die Regelung des Maximums der Aktivkraft auf einen konstanten Wert unter variierenden Eingriffsgrößen, fortschreitendem Werkzeugverschleiß und materialabhängigen sowie weiteren Störgrößen. In Kapitel 6 sind aus den entwickelten Methoden und Teilsystemen modellbasierte prädiktive Regelungssysteme zu entwerfen. Hierfür ist zu ermitteln, wie technologische Prozessmodelle in der Systemarchitektur berücksichtigt werden müssen, um die Veränderung des Übertragungsverhaltens der Regelstrecke prädiktiv zu berücksichtigen, damit wechselnde Eingriffsgrößen kein signifikantes Überschwingen über die Führungsgröße zur Folge haben. Das entwickelte Regelungssystem ist im Hinblick auf Regelgüte, Stabilität und Störverhalten zu untersuchen. Abschließend ist das System an geeigneten Bauteilen zu validieren.

4 Entwicklung einer Methode zur Regelstreckenidentifikation

Development of a Method for the Identification of the Controlled System

Innerhalb des Regelkreises stellt die Regelstrecke den zu regelnden Prozess dar und beschreibt damit das Übertragungsverhalten zwischen Stellgröße und Regelgröße. Für die Auslegung des Reglers ist eine hinreichend genaue Beschreibung der Regelstrecke notwendig, um die geforderte Regelgüte zu erzielen. Bedingt durch wechselnde Eingriffsgrößen entlang der Werkzeugbahn, fortschreitenden Werkzeugverschleiß und Chargenschwankungen verändert sich das Übertragungsverhalten der Regelstrecke während des Fräsprozesses. In diesem Kapitel wird daher eine Methode entwickelt, die eine kontinuierliche Identifikation der Regelstrecke entlang der Werkzeugbahn ermöglicht.

In Kapitel 4.1 wird zunächst der Aufbau des Regelkreises für den Fräsprozess dargestellt und analysiert. Das Übertragungsverhalten der Werkzeugmaschine wird in Kapitel 4.2 untersucht. In Kapitel 4.3 wird eine Methode zur Identifikation des Prozessübertragungsverhaltens entwickelt, welche unabhängig von den Eingriffsgrößen und den Prozessparametern anwendbar ist.

4.1 Aufbau und Analyse des Regelkreises

Nach der Auswahl des Fräswerkzeugs und der Berechnung der Werkzeugbahn im CAM-System ist eine weitere Optimierung der Prozessparameter Schnittgeschwindigkeit und Vorschubgeschwindigkeit möglich. Letztere stellt den Haupteinflussfaktor auf die Prozesskraft dar und wird im Folgenden als einzige Stellgröße des Systems festgelegt.

Bei der zu entwickelnden Kraftregelung für den Fräsprozess entspricht die Zerspankraft der Regelgröße und liegt als Ausgang der Regelstrecke vor, Bild 4.1. Aus der Regeldifferenz berechnet der Regler die Stellgröße, welche an die Fräsmaschine weitergegeben wird. Im Folgenden wird angenommen, dass Störgrößen direkt auf den Prozess und auf die Kraftmesseinrichtung wirken.

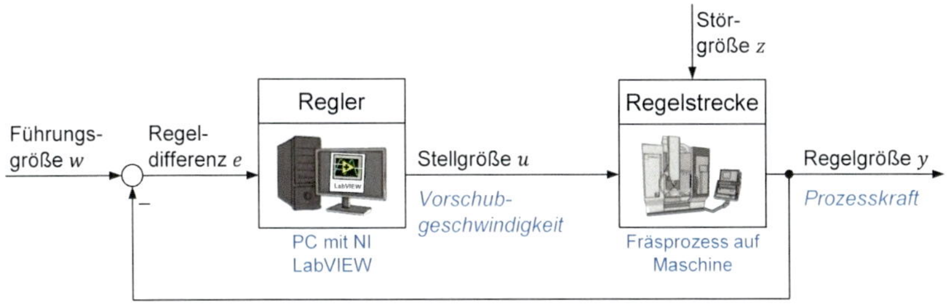

Bild 4.1: Wirkungsplan des Regelungssystems

Action diagram of the control system

Die im Rahmen dieser Arbeit erforderlichen Versuche wurden auf einem vertikalen Bearbeitungszentrum (BAZ) der Bauart Mazak Variaxis 630-5X II T sowie auf einem horizontalen Bearbeitungszentrum des Typs Hüller Hille Specht 500 und einer Hermle C800 durchgeführt. Insbesondere für die Entwicklung der Methoden zur Identifikation des Prozessübertragungsverhaltens wurde auf die Maschine Mazak Variaxis zurückgegriffen. Die Arbeiten zur Reglerauslegung in Kapitel 5 sowie die Realisierung des Gesamtsystems in Kapitel 6 wurden auf der Hüller Hille Specht bzw. der Hermle C800 durchgeführt.

4.1.1 Auswahl des Kraftmesssystems

Der Auswahl des Kraftmesssystems und der Signalvorverarbeitung kommt bei der Prozesskraftmessung beim Fräsen eine besondere Bedeutung zu, da durch den unterbrochenen Schnitt eine dynamische Anregung des Messsystems erfolgt. Um eine Verfälschung der Messsignale ausschließen zu können, soll das gesamte Messsystem im Bereich der Anregung durch den Prozess ein Übertragungsverhalten von $G(j\omega) = 1$ aufweisen. Weiterhin ist, insbesondere für die Ermittlung des Prozessübertragungsverhaltens, eine möglichst genaue Darstellung des Kraftverlaufs über der Zeit erforderlich. Diese Forderung wird von Systemen, welche auf Basis einer Wirkleistungsmessung an den Antriebsmotoren auf die Prozesskraft schließen, nicht erfüllt. Besser geeignet sind Messsysteme, die nahe am Fräsprozess installiert werden können und mittels Dehnungsmessstreifen oder piezoelektrischen Kristallen die Dynamik des Prozesses erfassen. Messsysteme auf Basis von Dehnungsmessstreifen weisen systembedingt eine geringere Steifigkeit auf als Messsysteme auf Basis von piezoelektrischen Sensoren.

Für die Kraftmessung auf Werkstückseite steht eine piezoelektrische Kraftmessplattform zur Verfügung, auf Werkzeugseite zwei rotierende piezoelektrische Schnittkraftdynamometer, Tabelle 4.1.

Tabelle 4.1: Vergleich von Kraftmesssystemen für die Fräsbearbeitung
Comparison of force measurement systems for milling

	Eigenfrequenz ohne Werkstück/ Werkzeug	Übertragungs- rate, Auflösung	Integrierte Signal- vorverarbeitung	Steifigkeit
Kistler 9255B (statisch)	$f_{n,x} = 2{,}2\ kHz$ $f_{n,y} = 1{,}8\ kHz$	analoges Ausgangs- signal	keine	$c_x = c_y = 2000\ N/\mu m$
Kistler 9123C (rotierend)	$f_n = 2{,}0\ kHz$	$7800\ Hz,$ $12\ Bit$	Tiefpass $f_g = 1{,}0\ kHz$	keine Angaben
Kistler 9170A (rotierend)	$f_{n,x} = 2{,}0\ kHz$ $f_{n,y} = 2{,}0\ kHz$	$22{,}2\ kHz,$ $12\ Bit$	Tiefpass $f_g = 300\ Hz,$ $1\ kHz, 3\ kHz$	keine Angaben

Erfolgt die Installation der Kraftmesseinrichtung auf Bauteilseite, so kann eine exakte Ausrichtung des Messsystems entlang der Koordinatenachsen der Werkzeugmaschine erfolgen. Bei Nutzung eines rotierenden Schnittkraftdynamometers ist die exakte Ausrichtung des Werkzeugs im Koordinatensystem des Messgerätes praktisch nur bedingt möglich. Eine Integration im industriellen Umfeld ist aufgrund der beschränkten Verwendbarkeit beim automatischen Werkzeugwechsel nur schwer möglich.

Weiterhin sind bei den rotierenden Systemen die fest implementierten bzw. nur diskret auszuwählenden Tiefpassfilter und die reduzierte Bandbreite bei der drahtlosen Datenübertragung als Nachteil anzusehen. Im Gegensatz dazu ist bei der Messung auf der Werkstückseite eine Auflösung von 16 Bit durch Verwendung einer geeigneten Datenerfassungskarte möglich. Die aufgelisteten Eigenfrequenzen unterscheiden sich für die drei Messsysteme nur geringfügig. Nachteilig wirkt sich bei der Kraftmessung auf Bauteilseite der Einfluss der Werkstückmasse auf die Eigenfrequenz des Systems aus. Bei einer Begrenzung der Werkstückmasse überwiegen jedoch die Vorteile der Kraftmessplattform, sodass diese für die folgenden Versuche eingesetzt wird.

Die Messung der Kraft erfolgt in der Kraftmessplattform mit vier parallel geschalteten piezoelektrischen Sensoren und ermöglicht die getrennte Erfassung der Komponenten des Zerspankraftvektors im kartesischen Koordinatensystem. Unter Belastung entsteht eine der Kraft proportionale Ladungsverschiebung, welche im nachgeschalteten Ladungsverstärker in eine proportionale Spannung umgewandelt wird. Der Verstärkungsfaktor des Ladungsverstärkers wird auf 200 N/V parametriert, sodass sich bei einem Eingangsbereich der Datenerfassungskarte von ±10 V ein Messbereich der Prozesskraft von ±2000 N ergibt. Für die weiteren Untersuchungen wird angenommen, dass die Kraftmessung nicht fehlerbehaftet ist und ein Übertragungsverhalten von $G(j\omega) = 1$ aufweist. Der Hersteller gibt einen maximalen Messfehler von 5 % an, wenn die Kraftmessplattform nur bis zu einer maximalen Frequenz von $1/5 \cdot f_n$ eingesetzt wird. Die Zahneingriffsfrequenz bei den durchgeführten Versuchen beträgt max. 127 Hz, sodass die Annahme für das Übertragungsverhalten zulässig ist.

Zur Erfassung der analogen Spannungssignale des Ladungsverstärkers wird eine Messkarte vom Typ National Instruments X6363 verwendet. In der Messkarte findet eine Digitalisierung der Analogsignale mit einer Auflösung von 16 Bit statt, ebenso ist die Karte für die Ausgabe von Analogsignalen mit einem Wandler mit gleicher Auflösung ausgerüstet. Der Datenaustausch mit dem Messrechner erfolgt über die PCIe-Schnittstelle, die Implementierung der Software erfolgt in NI LabVIEW 2011, Bild 4.2.

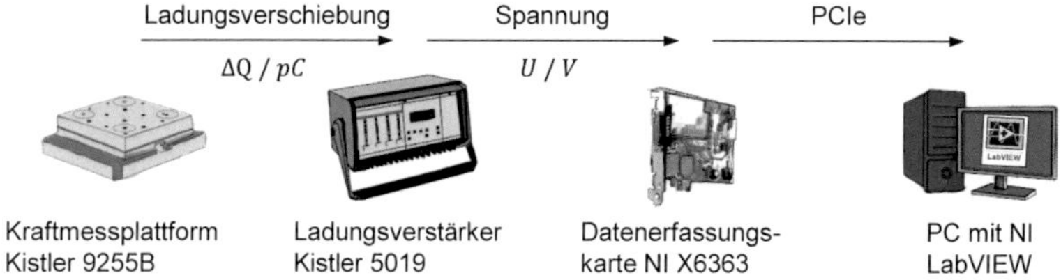

Bild 4.2: Messkette für die Erfassung der Prozesskraft

Measuring chain for the process force

4.1.2 Schnittstellen zur Werkzeugmaschine

Für die Regelung der Prozesskraft sind verschiedene Schnittstellen zur Werkzeugmaschine erforderlich. Neben der Steuerung der Vorschubgeschwindigkeit ist auch die Erfassung der aktuellen Bahngeschwindigkeit notwendig. Weiterhin erfordern die Arbeiten in Kapitel 5 und Kapitel 6 die Kenntnis der aktuellen Position des Tool-Center-Points während der Fräsbearbeitung. Nachfolgend wird die Realisierung der Schnittstellen zum Bearbeitungszentrum dargestellt.

Steuerung der Vorschubgeschwindigkeit

Die Bearbeitungszentren Hüller Hille Specht 500 und Hermle C800 sind mit einer Steuerung vom Typ Siemens 840D powerline ausgestattet. Für den schnellen Datenaustausch mit der NC-Steuerung (NCU) wird ein NCU-Terminal-Block mit acht Steckplätzen in den Antriebsbus integriert. Die Steuerung der Vorschubgeschwindigkeit wird über ein Analogmodul realisiert, dessen Eingang über eine Synchronfunktion mit dem Vorschub-Override verknüpft wird. Zur vollständigen Ausnutzung der Auflösung von 12 Bit bei einem Eingangsbereich von ±10 V wird eine lineare Skalierung mit einer Steigung von 20 V / 100 % bei einem Offset von -10 V im NC-Programm parametriert. Die programmierte Vorschubgeschwindigkeit stellt demnach die maximal mögliche Vorschubgeschwindigkeit dar und muss unter Beachtung der resultierenden Auflösung möglichst groß gewählt werden, um hohe Verfahrgeschwindigkeiten beim An- und Abfahren des Werkstückes ermöglichen zu können, vgl. Kapitel 5.3.1.

Ermittlung der Vorschubgeschwindigkeit und der Vorschubrichtung

Der aktuelle Wert der Vorschubgeschwindigkeit der einzelnen Achsen wird jeweils vom Achsregler aus den Signalen der linearen Wegmesssysteme ermittelt und für die Geschwindigkeitsregelung der Vorschubachse eingesetzt. Ein Zugriff erfolgt achsbezogen über Systemvariablen, sodass die einzelnen Geschwindigkeiten der Vorschubachsen zunächst in eine Bahnvorschubgeschwindigkeit umgerechnet werden. Ebenso wie bei der Steuerung der Vorschubgeschwindigkeit wird eine Synchronfunktion programmiert, welche den ermittelten Bahnvorschub über ein Analog-Ausgabemodul des NCU-Terminal-Blocks ausgibt. Die Vorschubrichtung in der xy-Ebene wird über die Arkustangens-Funktion mit Fallunterscheidung aus den Geschwindigkeiten der x- und y-Achse ermittelt und ebenfalls über eine Synchronfunktion und ein Analogmodul ausgegeben, Bild 4.3.

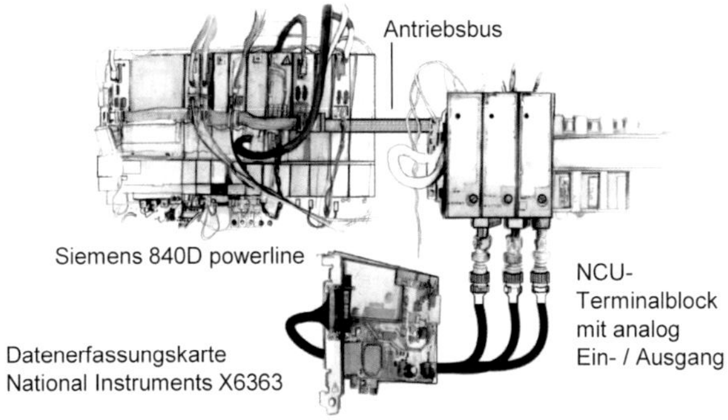

Bild 4.3: Schnittstellen zur Ein- und Ausgabe von Analogsignalen an der Steuerung der Werkzeugmaschine

Analogue input/output interface of the machine tool's controller

Ermittlung der Position des Tool-Center-Points (TCP)

Zur Ermittlung der Position des TCP werden die Signale des Wegmesssystems parallel am Achsregler abgegriffen. Die Übertragung der Positionsinformation der linearen Wegmesssysteme zum jeweiligen Achsregler erfolgt über analoge sin/cos Spannungssignale mit einer Amplitude von 1 V. Diese Signale werden von einer Interpolationseinheit vom Typ Gemac IPE 200 in phasenverschobene Rechtecksignale umgewandelt, Bild 4.4. Auf der Datenerfassungskarte erfolgt die Interpretation der Signale und die Bereitstellung der Positionsinformation an NI LabVIEW.

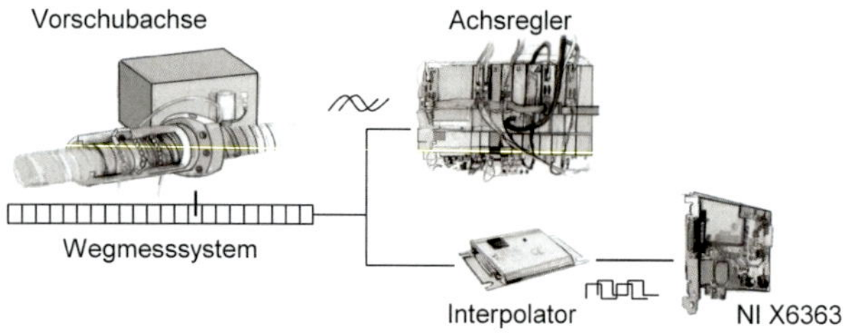

Bild 4.4: Erfassung der Position des TCP

Determination of the TCP position

4.1.3 Analyse des Übertragungsverhaltens der Regelstrecke

Zur Analyse des Übertragungsverhaltens der Regelstrecke wurde eine Identifikation am offenen Regelkreis durchgeführt. Hierfür wurde bei einem Vollnutenschnitt die konstante Vorschubgeschwindigkeit von $v_f = 12{,}7\, mm/s$ während der Fräsbearbeitung mit einer Sinusschwingung der Frequenz $f = 5\, Hz$ und einer Amplitude von ±25 % überlagert. Neben der Prozesskraft wird die tatsächliche Vorschubgeschwindigkeit der Fräsmaschine aufgezeichnet. Diese folgt dem Sollwertverlauf mit einer Phasenverschiebung von ca. 120° und einem Amplitudenverhältnis von ca. 0,7. Die Einhüllende der Prozesskraft liegt in Phase mit der gemessenen Vorschubgeschwindigkeit, Bild 4.5.

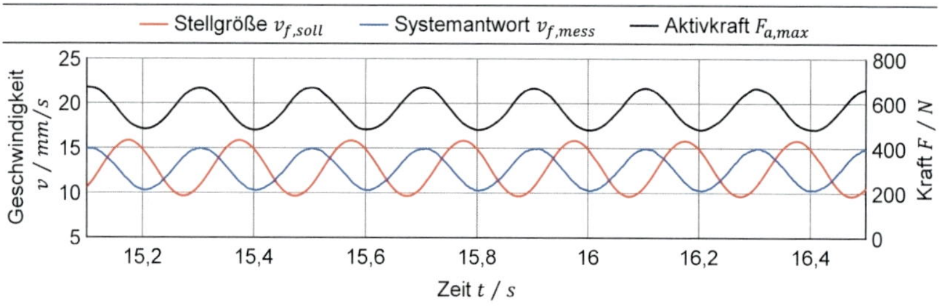

Bild 4.5: Identifikation am offenen Regelkreis

Identification of the open-loop control system

Aus diesem Verhalten wird abgeleitet, dass die vorliegende Regelstrecke als Reihenschaltung aus zwei separat zu beschreibenden Übertragungsgliedern abgebildet werden kann, Bild 4.6. Dabei beschreibt das Maschinenübertragungsverhalten das verzögerungsbehaftete Übertragungsverhalten zwischen dem eingegebenen Vorschubgeschwindigkeitssollwert und der von der Maschine umgesetzten Vorschubgeschwindigkeit. Das zweite Übertragungsglied stellt den verzögerungsfreien Zusammenhang zwischen der Vorschubgeschwindigkeit und der Regelgröße Prozesskraft dar und wird im Folgenden als Prozessübertragungsverhalten bezeichnet. Das Messsystem wird aufgrund der hohen Dynamik als verzögerungsfrei angenommen.

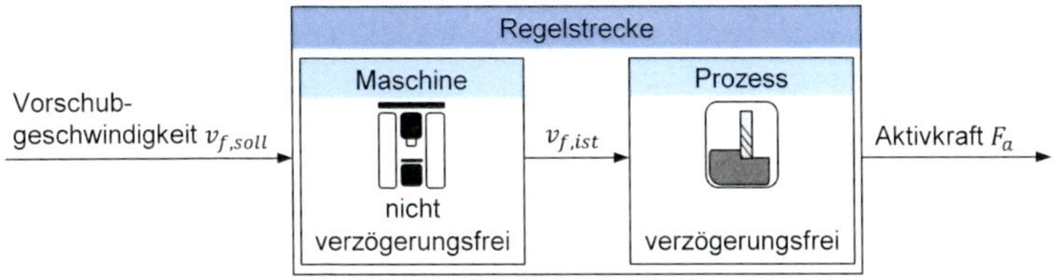

Bild 4.6: Aufteilung der Regelstrecke in Maschinen- und Prozessübertragungsverhalten
Split of controlled system in machine and process transfer behavior

Durch die Aufteilung der Regelstrecke in Maschinen- und Prozessübertragungsverhalten wird eine Beschreibung der einzelnen Übertragungsglieder mit unterschiedlichen Modellen ermöglicht. Das Maschinenübertragungsverhalten wird durch die kaskadierten Regelkreise der Vorschubantriebe beeinflusst und mit Methoden der Regelungstechnik beschrieben, vgl. Kapitel 2.4.2. Für die Beschreibung des Prozessübertragungsverhaltens stehen technologische Modelle zur Verfügung, die die prozessspezifischen Gegebenheiten berücksichtigen. Im Folgenden wird zuerst ein Modell für das Maschinenübertragungsverhalten ermittelt. Anschließend wird eine Methode entwickelt, die eine Identifikation des Prozessübertragungsverhaltens ermöglicht.

4.2 Identifikation des Maschinenübertragungsverhaltens

Im vorigen Abschnitt konnte gezeigt werden, dass die Vorschubachse der Werkzeugmaschine auf ein sinusförmiges Eingangssignal mit einem verzögerungsbehafteten sinusförmigen Ausgangssignal reagiert. Dies lässt auf ein lineares zeitinvariantes (LZI) Übertragungsverhalten schließen, welches im Folgenden analysiert, optimiert und durch ein Modell beschrieben wird.

4.2.1 Identifikation am offenen Regelkreis

Für die modellbasierte prädiktive Regelung wird ein Modell der Regelstrecke benötigt, um den optimalen zukünftigen Stellgrößenverlauf ermitteln zu können. Die Vorschubachsen stellen aufgrund ihres beschränkten Beschleunigungsverhaltens ein nicht sprungfähiges System dar. Zur Identifikation des Übertragungsverhaltens wird während einer Verfahrbewegung mit konstanter Vorschubgeschwindigkeit ein Sollwertsprung auf die Regelstrecke geschaltet und der resultierende Geschwindigkeitsverlauf erfasst. Der gemessene Geschwindigkeitsverlauf zeigt ein totzeitbehaftetes Verhalten und nähert sich ohne Überschwingen dem Sollwert an, Bild 4.7.

Wegen des offensichtlichen Wendepunktes in der Sprungantwort wird für die Modellierung ein Verzögerungsglied zweiter Ordnung mit Totzeit angesetzt, Formel (4.1).

$$G(s) = \frac{Y(s)}{U(s)} = K \frac{1}{(T_1 s + 1)(T_2 s + 1)} e^{-sT_d} \qquad (4.1)$$

mit K: Verstärkung
T_1, T_2: Zeitkonstanten
T_d: Totzeit

Der Verstärkungsfaktor wird zu $K = 1$ bestimmt, da der statische Endwert der vorgegebenen Geschwindigkeit entspricht [STEM15b]. Für die Zeitkonstanten T_1 und T_2 werden mithilfe eines Least-Squares-Algorithmus identische Werte ermittelt. Dadurch besitzt das System eine kritische Dämpfung und nimmt minimale Ausgleichszeiten an. Der Vergleich zwischen Modell und Messung zeigt eine sehr gute Übereinstimmung, Bild 4.7.

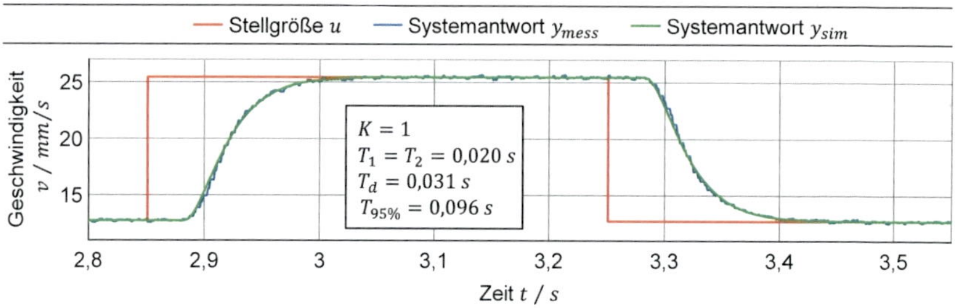

Bild 4.7: Sprungantwort des Geschwindigkeitsregelkreises einer Vorschubachse

Step response of a feed axis' velocity control loop

Der Regelkreis jeder Vorschubachse besteht aus einer Kaskadenregelung. Der äußere Regelkreis beschreibt dabei die Lageregelung, nach innen folgen Drehzahl bzw. Geschwindigkeitsregelkreis sowie der Stromregelkreis, vgl. Kapitel 2.4. Die Vorgabe der Soll-Position für den Lageregelkreis erfolgt durch eine Interpolation der über das NC-Programm vorgegebenen Bahnpunkte. Zur Verringerung des Schleppfehlers bei konstanter Geschwindigkeit wird eine Vorsteuerung der Geschwindigkeit vorgenommen. Zur Verbesserung der Dynamik der Regelstrecke wurde eine Optimierung der Reglerparameter der Antriebsverstärker vorgenommen. Weiterhin wurden die Vorsteuerung aktiviert und der Interpolationstakt sowie der Lageregeltakt erhöht.

Nach der Optimierung ergibt sich ein Übertragungsverhalten mit einer um 30 % reduzierten Ausgleichszeit. Der Vergleich zwischen Modell und Messung zeigt geringfügig größere Abweichungen im Signalverlauf im Vergleich zur vorgefundenen Parametrierung, welche sich auf die aktivierte Vorsteuerung zurückführen lässt, Bild 4.8.

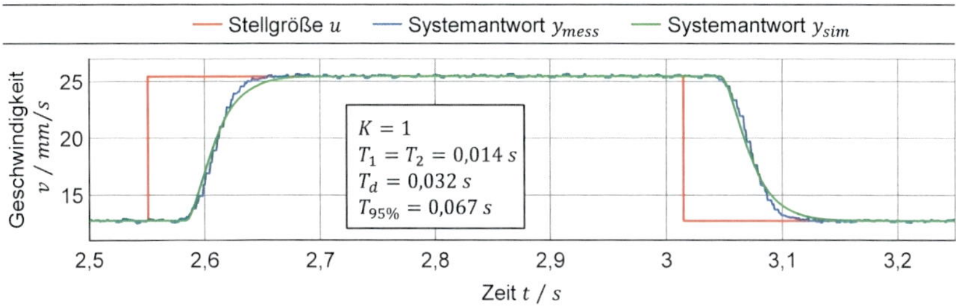

Bild 4.8: Sprungantwort des Geschwindigkeitsregelkreises mit optimierten Reglerparametern

Step response of a feed axis' velocity control loop with optimized settings

4.2.2 Lastabhängigkeit der Modellparameter

Im Gegensatz zu kontinuierlichen Verfahren, wie dem Bohren, kann sich die Belastung einer Vorschubachse beim Fräsen während des Prozesses signifikant ändern. Hierfür verantwortlich sind der unterbrochene Schnitt, variierende Eingriffsgrößen und bahnbedingt wechselnde Vorschubrichtungen. Je nach Einstellung der Reglerparameter der Vorschubachse ist eine Veränderung des Übertragungsverhaltens, abhängig von der Achsbelastung, möglich, da das Lastmoment als Störgröße auf den Geschwindigkeitsregelkreis wirkt. Werden hohe Werte für die Verstärkungsfaktoren gewählt, ist der Einfluss der Last gering. Nachteilig kann sich in diesem Fall jedoch bei geringer Last ein Überschwingen über den Sollwert ergeben. Für die zuvor gewählten Einstellungen der Achsregler konnte im relevanten Lastbereich keine Abhängigkeit der Modellparameter und kein Überschwingen festgestellt werden.

4.2.3 Zusammenspiel mehrerer Vorschubachsen

In Kapitel 4.1.2 wurde die Ansteuerung der Vorschubgeschwindigkeit über den Analog-Eingang erläutert. Der eingegebene Wert wirkt sich dabei nur auf die Bahnvorschubgeschwindigkeit aus. Abhängig von der programmierten Werkzeugbahn wird die Vorschubbewegung durch Überlagerung der Bewegung mehrerer Achsen ausgeführt. Die NC-Steuerung berechnet hierfür im Interpolationstakt die Lage- und Geschwindigkeitssollwerte der einzelnen Achsen. Zur Minimierung der Konturabweichung fordert der Steuerungshersteller eine identische Einstellung der Achsen eines Interpolationsverbundes für die Werte des Verstärkungsfaktors der Lageregelkreise, der äquivalenten Zeitkonstante der Geschwindigkeitsregelkreise, der Geschwindigkeitsvorsteuerung sowie des Ruckfilters. Bei gleicher Einstellung in diesen Parametern ergibt sich automatisch ein gleiches Übertragungsverhalten der einzelnen Achsen. Da die Ausgleichsdauer eines LZI-Übertragungsgliedes unabhängig von der vorgegebenen Sprunghöhe ist, resultiert für beliebige Vorschubrichtungen ein Übertragungsverhalten entsprechend dem identifizierten Verzögerungsglied zweiter Ordnung mit Totzeit. Diese Annahme ist gültig, solange kein schneller Richtungswechsel erfolgt, bei dem einzelne Achsen aus dem Stillstand beschleunigt oder bis zum Stillstand abgebremst werden.

4.3 Entwicklung einer Methode zur Identifikation des Prozessübertragungsverhaltens

Das Prozessübertragungsverhalten beschreibt das zweite Glied der Regelstrecke und stellt den Zusammenhang zwischen Vorschubgeschwindigkeit und resultierender Prozesskraft her, Bild 4.6. Im Gegensatz zum Maschinenübertragungsverhalten kann das Prozessübertragungsverhalten nicht durch lineare Regelkreisglieder dargestellt werden, da ein nichtlinearer Zusammenhang zwischen Vorschub und Prozesskraft besteht. Der Einfluss von Vorschub und Eingriffsgrößen auf die Prozesskraft wird durch entsprechende Prozesskraftmodelle beschrieben, vgl. Kapitel 2.2.3.

Im Folgenden wird zunächst ein Kraftmodellansatz ausgewählt und eine Methode zur Ermittlung der Modellparameter aus einer Vorschubreihe entwickelt, Kapitel 4.3.1. Der Vorteil der Methode im Vergleich zu bestehenden Verfahren ist in der getrennten Betrachtung der Zerspankraftkomponenten zu sehen.

Fortschreitender Werkzeugverschleiß und materialabhängige Einflüsse bewirken eine Veränderung des Prozessübertragungsverhaltens während des Prozesses. Um eine hohe Regelgüte zu erzielen, ist es erforderlich, diese Veränderungen zu erfassen und im Modell zu berücksichtigen. Daher wird in Kapitel 4.3.2 eine Methode zur Identifikation des Prozessübertragungsverhaltens entwickelt, welche im geschlossenen Regelkreis anwendbar ist. Abschließend erfolgen eine Erweiterung der Methode unter Berücksichtigung des Rundlauffehlers sowie eine Analyse über die Vorhersagegenauigkeit.

Auswahl und Beschreibung des Kraftmodells

Im Stand der Erkenntnisse wurden Prozesskraftmodelle mit verschiedenen empirischen Ansätzen vorgestellt. Dem Vorteil der effizienten numerischen Berechnung der linearen Prozesskraftmodelle steht der Nachteil der nicht berücksichtigten nichtlinearen Abhängigkeit zwischen Spanungsdicke und Prozesskraft gegenüber. Da das Prozesskraftmodell über weite Bereiche der Spanungsdicke Gültigkeit besitzen soll, wird der empirische Ansatz nach Kienzle gewählt. Auf eine Erweiterung des Modells um Korrekturfaktoren zur Berücksichtigung von Werkzeugmikrogeometrie, Werkstoff, Schnittgeschwindigkeit etc. wird verzichtet. Da bereits geringe Rundlauffehler einen signifikanten Einfluss auf die maximale Prozesskraft ausüben, wird ein Modell zur Korrektur des Rundlauffehlers in das Kraftmodell integriert.

Für die im Rahmen dieser Arbeit durchgeführten Zerspanversuche wurden gedrallte Schaftfräser eingesetzt. Aufgrund des Dralls und der daraus resultierenden Spanungsdickenänderung entlang der Werkzeugschneide wird das Werkzeug für die Berechnung der Prozesskraft entlang der Drehachse in n diskrete Scheibenelemente zerlegt, vgl. Kapitel 2.2.3. Für jedes Scheibenelement j werden die Spanungsdicke und mit dem Ansatz von Kienzle die Schnittkraft $F_{c,j}$, die Schnittnormalkraft $F_{cn,j}$ sowie die Passivkraft $F_{p,j}$ ermittelt. Für die Berechnung der Spanungsdicke wird die trochoide Bahn durch eine Kreisbewegung angenähert, sodass sich für jedes Scheibenelement mit der Höhe Δz die Komponenten der Zerspankraft zu

$$F_{i,j} = k_{i,1.1} \Delta z \left(f sin(\varphi_j)\right)^{1-m_i} \qquad \text{mit } i\text{: } c,\ cn,\ p \tag{4.2}$$

ergeben, wobei φ_j den Vorschubrichtungswinkel des Scheibenelementes kennzeichnet, Bild 2.6. Für die Messung der Prozesskraft wurde eine Kraftmessplattform zur werkstückseitigen Integration ausgewählt. Daher erfolgt eine Aufsummierung der Zerspankraftkomponenten im kartesischen Koordinatensystem. Durch den variierenden Vorschubrichtungswinkel entlang der Werkzeugschneide sind die Zerspankraftkomponenten der Scheibenelemente vorher mit dem jeweiligen Vorschubrichtungswinkel in das kartesische Koordinatensystem der Kraftmessplattform zu drehen. Diese Drehung wird durch die Matrix M_j beschrieben, Formel (4.3).

$$\begin{pmatrix} F_x \\ F_y \\ F_z \end{pmatrix} = \sum_{j=0}^{n-1} M_j \begin{pmatrix} F_{c,j} \\ F_{cn,j} \\ F_{p,j} \end{pmatrix} = \sum_{j=0}^{n-1} \begin{pmatrix} sin(\varphi(j\Delta z)) & -cos(\varphi(j\Delta z)) & 0 \\ -cos(\varphi(j\Delta z)) & -sin(\varphi(j\Delta z)) & 0 \\ 0 & 0 & -1 \end{pmatrix} \begin{pmatrix} F_{c,j} \\ F_{cn,j} \\ F_{p,j} \end{pmatrix} \tag{4.3}$$

4.3.1 Ermittlung der Modellparameter

Für eine Bewertung des Kraftmodells hinsichtlich der Abweichungen zwischen vorhergesagter und gemessener Prozesskraft müssen zunächst die Modellparameter $k_{i1.1}$ und m_i bestimmt werden. Durch den unterschiedlichen Vorschubrichtungswinkel der einzelnen Scheibenelemente erfolgt für jedes Scheibenelement eine spezifische Drehung ins kartesische Koordinatensystem. Nach der Aufsummierung ist der Kraftvektor im kartesischen System nicht mehr eindeutig auf die Komponenten der Zerspankraft zurückzuführen. Eine Rücktransformation ist nur möglich, wenn die Richtung des Zerspankraftvektors unabhängig von der axialen Position am Werkzeug ist. Dies kann nur für ein Werkzeug ohne Drall, näherungsweise mit geringem Drall, angenommen werden.

Für gedrallte Werkzeuge wird in der Literatur daher für die Ermittlung der Modellkoeffizienten häufig eine Mittelwertbildung vorgeschlagen, vgl. Kapitel 2.2.3. Hiermit kann jedoch nicht sichergestellt werden, dass die ermittelten Modellparameter spezifisch für die jeweilige Zerspankraftkomponente gelten. Weiterhin ist mit dem gewählten Ansatz nach Kienzle eine Bestimmung der Modellparameter über eine Mittelwertbildung, auch unter Vernachlässigung des Drallwinkels, nicht direkt möglich. Der Einsatz der Methode scheitert an der notwendigen analytischen Integration des Exponentialansatzes in Verbindung mit der Koordinatendrehung.

Im Folgenden werden daher zwei Methoden vorgestellt, mit welchen die Modellparameter, spezifisch für die einzelnen Zerspankraftkomponenten, ermittelt werden können.

Ermittlung der Modellparameter durch eine Kraft- und Drehmomentmessung im rotierenden Koordinatensystem

Wegen des Drallwinkels ist auch im rotierenden Koordinatensystem keine direkte Messung der einzelnen Zerspankraftkomponenten möglich. Die Schnittkraft kann dennoch bestimmt werden, da die Wirkungslinie der Schnittnormalkraft durch die Drehachse verläuft und somit keinen Beitrag zum wirkenden Drehmoment M_z entlang der Werkzeugachse leistet. Damit wird die Schnittkraft zu

$$F_c = \frac{2M_z}{D_{WKZ}} \qquad \text{mit } D_{WKZ}\text{: Werkzeugdurchmesser} \tag{4.4}$$

bestimmt. Die Schnittnormalkraft wird unter Kenntnis der Schnittkraft eindeutig bestimmt.

Ermittlung der Modellparameter durch eine Kraftmessung im kartesischen Koordinatensystem

Für die Bestimmung der Modellparameter aus einer Kraftmessung im kartesischen Koordinatensystem werden die koordinatentransformierten Komponenten der Zerspankraft, getrennt nach den Richtungen des Zylinderkoordinatensystems, summiert, Formel (4.5).

$$\begin{pmatrix} F_{x,c} \\ F_{x,cn} \\ F_{y,c} \\ F_{y,cn} \end{pmatrix} = \sum_{j=0}^{n-1} \begin{pmatrix} sin(\varphi(j\Delta z)) & 0 \\ 0 & -cos(\varphi(j\Delta z)) \\ -cos(\varphi(j\Delta z)) & 0 \\ 0 & -sin(\varphi(j\Delta z)) \end{pmatrix} \begin{pmatrix} F_{c,j} \\ F_{cn,j} \end{pmatrix} \tag{4.5}$$

Die berechneten Komponenten werden über dem Vorschubrichtungswinkel des untersten diskreten Scheibenelementes des Werkzeugs mit dem Drallwinkel β aufgetragen, Bild 4.9.

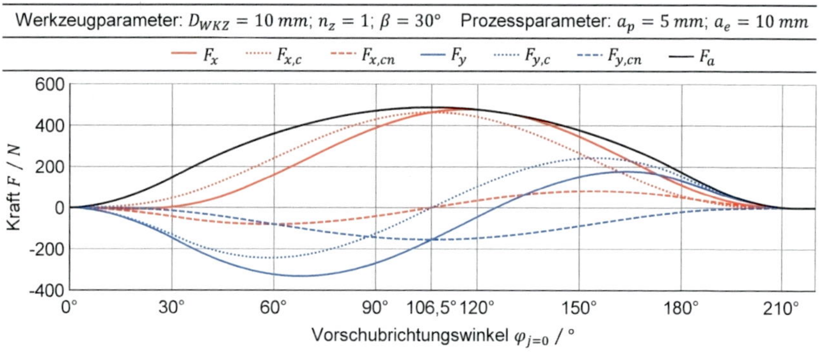

Bild 4.9: Simulation der Komponenten der Zerspankraft im kartesischen Koordinatensystem

Simulation of the components of the cutting force in Cartesian coordinates

Für die Bestimmung der Modellparameter wird der Umstand genutzt, dass bei der Berechnung der Zerspankraft bei einem bestimmten Vorschubrichtungswinkel zwei Kraftanteile gleichzeitig zu null werden. Für die vorliegende Simulation eines Vollnutenschnittes nehmen die Komponenten $F_{x,cn}$ und $F_{y,c}$ bei einem Vorschubrichtungswinkel von $\varphi_{j=0} = 106{,}5°$ einen Wert gleich null an. Demzufolge entspricht zu diesem Zeitpunkt t_0 die Kraft in x-Richtung exakt der Schnittkraft und die Kraft in y-Richtung der Schnittnormalkraft. Die Aktivkraft erreicht zu diesem Zeitpunkt ihren Maximalwert.

Diese Tatsache wird durch eine Symmetriebetrachtung gestützt. Hierzu wird die Zerlegung der Zerspankraft in der Schnittebene für zwei verschiedene axiale Scheibenelemente betrachtet. Die beiden Scheibenelemente an der Stelle j bzw. $n-1-j$ sind entlang der Werkzeugachse symmetrisch um die halbe Schnitttiefe angeordnet. Der Vorschubrichtungswinkel des mittleren Scheibenelementes beträgt $\varphi_{(n-1)/2} = 90°$, Bild 4.10. Dadurch resultiert der Vorschubrichtungswinkel für die beiden Scheibenelemente zu $\varphi_{j,n-1-j} = 90° \pm \Delta\varphi$.

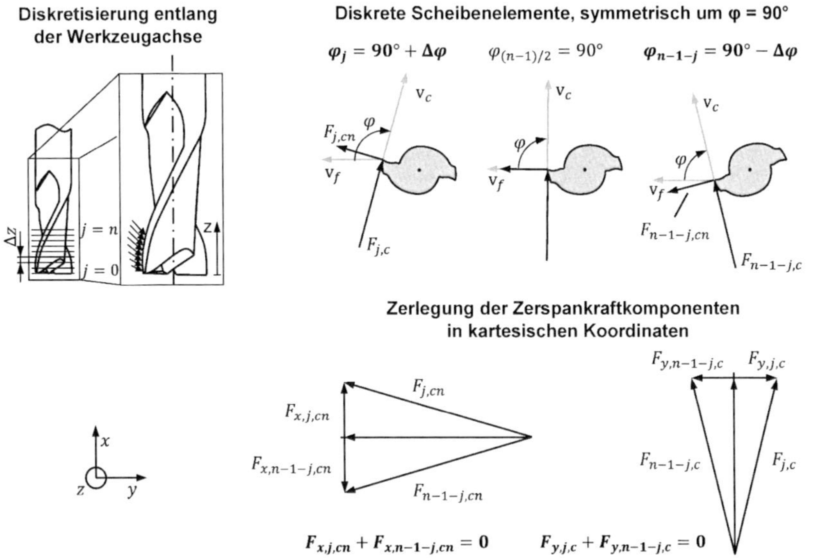

Bild 4.10: Symmetriebetrachung für zwei Scheibenelemente
Symmetry for two disk elements

Durch die Achsensymmetrie der Sinus-Funktion bei 90° ergibt sich für beide Scheibenelemente der gleiche Betrag für die Schnitt- und Schnittnormalkraft, Formel (4.6).

$$\left|\begin{matrix} F_{c,j} \\ F_{cn,j} \end{matrix}\right| = \left|\begin{matrix} F_{c,n-1-j} \\ F_{cn,n-1-j} \end{matrix}\right| = \left|\begin{matrix} k_{c1.1}\left(f sin(90° \pm \Delta\varphi)\right)^{1-m_c} \\ k_{cn1.1}\left(f sin(90° \pm \Delta\varphi)\right)^{1-m_{cn}} \end{matrix}\right| \tag{4.6}$$

Bei der Bildung der Summe nach der Koordinatendrehung addieren sich, durch die Punktsymmetrie der Cosinus-Funktion bei 90°, sämtliche Anteile $F_{x,cn}$ bzw. $F_{y,c}$ zu null, Formel (4.5).

Gestützt durch die Symmetrieüberlegung wurde gezeigt, dass beim Fräsen mit gedrallten Schaftfräsern, unter gewissen Voraussetzungen, eine getrennte Betrachtung der Zerspankraftkomponenten bei einer Kraftmessung im kartesischen Koordinatensystem möglich ist. Für die Ermittlung der Modellparameter müssen mindestens zwei Zerspanversuche mit gleicher Schnitttiefe und unterschiedlichem Vorschub durchgeführt werden. Weiterhin muss die Eingriffsbreite so gewählt werden, dass ein bestimmter Bereich des Vorschubrichtungswinkels abgedeckt wird. Dieser bestimmt sich aus der Schnitttiefe, dem Drallwinkel und dem Durchmesser des Werkzeugs zu

$$\varphi = 90° \pm \Delta\varphi \qquad \text{mit } \Delta\varphi = \frac{a_p \cdot tan(\beta)}{D_{WKZ}} \tag{4.7}$$

Die Kraftmesswerte repräsentieren zu diesem Zeitpunkt getrennt voneinander den Anteil der Schnitt- bzw. der Schnittnormalkraft. Da die Spanungsdicke auch zum Zeitpunkt t_0 entlang der Werkzeugschneide variiert, werden die ermittelten Messwerte über der mittleren Spanungsdicke aufgetragen. Die mittlere Spanungsdicke h_m wird zu

$$h_m = f \frac{1}{\psi} \int_{\frac{\pi}{2}-\frac{\psi}{2}}^{\frac{\pi}{2}+\frac{\psi}{2}} sin\varphi \, d\varphi = 0{,}986\, f \qquad \text{mit } \psi = \varphi_{n-1} - \varphi_0 = \frac{2\, a_p \cdot tan(\beta)}{D_{WKZ}} \tag{4.8}$$

bestimmt. ψ bezeichnet dabei die Differenz zwischen dem Vorschubrichtungswinkel des untersten und des obersten Scheibenelementes und wird mit den in Bild 4.9 angegebenen Werkzeug- und Prozessparametern zu $\psi = 33{,}1°$ ermittelt.

Um die entwickelte Methodik anwenden zu können, ist zunächst eine Bestimmung des Zeitpunktes t_0 erforderlich. Dieser wird durch die Nullstelle im Kraftverlauf zu

$$t_0 = \frac{90° + \frac{\psi}{2}}{2\pi n} \qquad \text{mit } n\text{: Werkzeugdrehzahl} \tag{4.9}$$

bestimmt. Die Lage der Nullstelle ist unabhängig von den Modellparametern sowie vom Vorschub f.

Um die erforderlichen Messwerte aus Versuchsdaten zu bestimmen, ist eine zeitliche Synchronisierung von simuliertem und gemessenem Kraftverlauf notwendig. Daher wird der simulierte Kraftverlauf in den kartesischen Kraftkomponenten F_x und F_y mit dem gemessenen Kraftverlauf mithilfe der Kreuzkorrelation zeitlich synchronisiert. Anschließend werden die erforderlichen Messwerte $F_x(t_0 + \Delta t)$ und $F_y(t_0 + \Delta t)$ bestimmt, Bild 4.11.

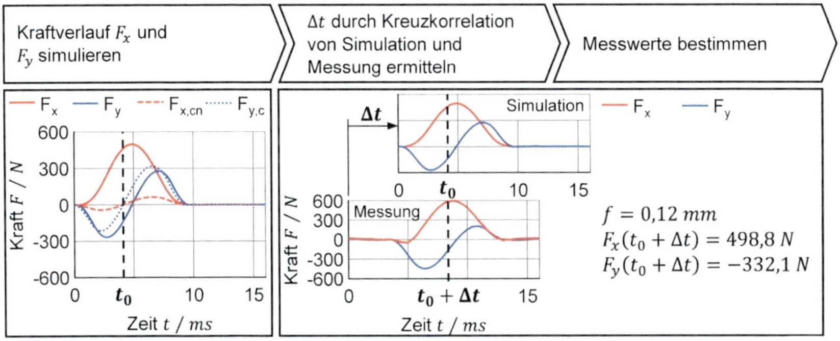

Bild 4.11: Algorithmus zur Bestimmung der Messwerte für die Parameterermittlung
Algorithm for the selection of measurement values for the determination of force model parameters

Zur Ermittlung der Modellparameter wurde exemplarisch in einer Messreihe im Vollnutenschnitt der Vorschub variiert. Um sicherzustellen, dass der Zahnvorschub exakt eingehalten wurde, wurde ein einschneidiges Werkzeug verwendet. Die Versuche wurden an einer Aluminiumlegierung mit schneidscharfem Werkzeug durchgeführt. Eine Übersicht über Werkzeugparameter, Prozessparameter und Werkstoff gibt Tabelle 4.2.

Tabelle 4.2: Prozessparameter für die Versuche zur Ermittlung der Kraftmodellparameter
Process parameters for trials to determine the force model parameters

Werkstoff	AlZnMgCu 1,5			
Werkzeug-parameter	HSS-Fräser	$D_{WKZ} = 10\ mm$	$\beta = 30°$	$n_z = 1$
Prozess-parameter	$v_c = 120\ m/min$	$f = 0{,}06 \dots 0{,}2\ mm$	$a_e = 10\ mm$	$a_p = 5\ mm$

Anhand der beschriebenen Methode wurden für jeden Versuchspunkt die erforderlichen Kraftmesswerte bestimmt und im doppelt logarithmischen Diagramm über der mittleren Spanungsdicke aufgetragen, Bild 4.12. An die Messpunkte wurde mit der Methode der kleinsten Fehlerquadrate eine Ausgleichsgerade angepasst. Über den Anstieg der Ausgleichsgeraden wurden die Modellparameter m_c und m_{cn} ermittelt, über den extrapolierten Wert bei $h = 1\ mm$ die Proportionalkoeffizienten $k_{c1.1}$ und $k_{cn1.1}$.

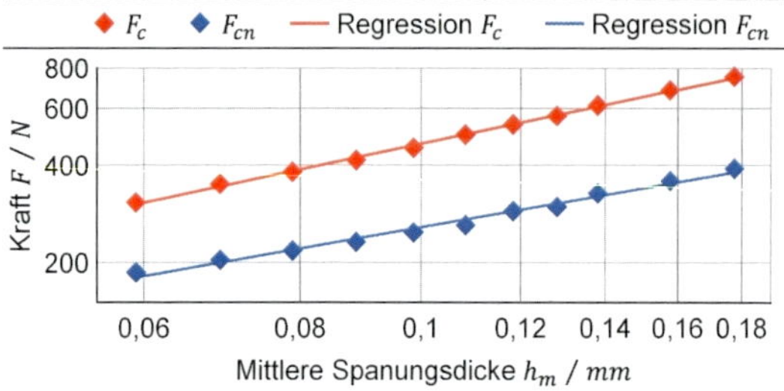

$k_{c,1.1}$	$622{,}7\ N/mm^2$
$k_{cn,1.1}$	$247{,}7\ N/mm^2$
m_c	0,175
m_{cn}	0,317

Bild 4.12: Ermittelte Kraftmesswerte aus der Vorschubreihe
Measured force values from feed velocity variation

Zur Bewertung des Kraftmodells wird eine Simulation mit den ermittelten Modellparametern durchgeführt. Exemplarisch wird für drei unterschiedliche Vorschubgeschwindigkeiten der Vergleich zwischen Messung und Simulation dargestellt, Bild 4.13. Sowohl aus der Vorschubreihe als auch aus dem zeitlichen Verlauf der simulierten Zerspankraft geht hervor, dass die Modellparameter innerhalb des Spanungsdickenbereiches von ca. $0{,}06\,mm \leq h_m \leq 0{,}18\,mm$ gültig sind. Auch bei kleinen Spanungsdicken ist die Abweichung gering, was auf den kleinen Schneidkantenradius des HSS-Fräsers zurückzuführen ist. Bei der angestrebten Regelung des Aktivkraftmaximums treten, durch die Anpassung der Vorschubgeschwindigkeit, auch bei geringen Eingriffsbreiten Spanungsdicken im Gültigkeitsbereich des Modells auf.

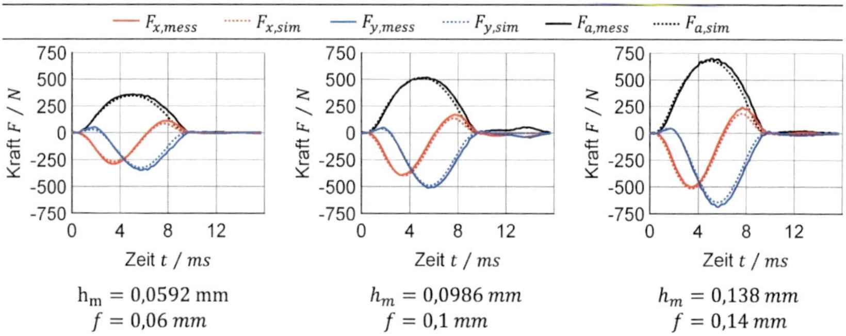

Bild 4.13: Vergleich zwischen Simulation und Messung
Comparison between simulation and measurement

Einfluss von Werkzeugverschleiß auf die Modellparameter

Zur Bewertung der Abhängigkeit zwischen Werkzeugverschleiß und den Modellparametern des Kraftmodells wurden Zerspanversuche sowohl mit schneidscharfem Werkzeug als auch mit Werkzeugen mit definiertem Freiflächenverschleiß durchgeführt. Mit diesen Versuchen wurde die Ermittlung der Modellparameter gemäß der beschriebenen Methode durchgeführt. Die Prozess- und Werkzeugparameter entsprechen den Angaben in Tabelle 4.2.

Mit fortschreitendem Werkzeugverschleiß verändern sich sowohl die Proportionalkoeffizienten als auch die Anstiegswerte, Bild 4.14. Der nicht monotone Verlauf der Modellparameter ist auf eine Veränderung der Schneidteilgeometrie zurückzuführen.

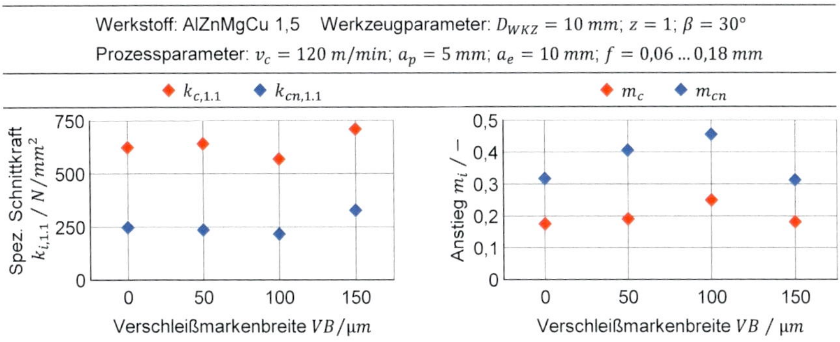

Bild 4.14: Ermittelte Modellparameter in Abhängigkeit vom Werkzeugverschleiß
Determined model parameters depending on the tool wear

Zwischenfazit

Im vorangegangenen Abschnitt wurde eine Methode zur Ermittlung der Modellparameter mithilfe der linearen Ausgleichsrechnung entwickelt. Die Messdaten wurden bei gleichen Eingriffsgrößen durch eine Variation des Vorschubs ermittelt. Mithilfe dieser Methode wurde gezeigt, dass das Kraftmodell, für einen Bereich der mittleren Spanungsdicke von ca. $0{,}06\,mm \leq h_m \leq 0{,}18\,mm$, eine gute Übereinstimmung mit den Messungen liefert. Mit fortschreitendem Werkzeugverschleiß ergibt sich eine Veränderung aller vier Modellparameter.

Aufgrund des gewählten Modellansatzes mit den vier unbekannten Parametern k_c, k_{cn}, m_c und m_{cn} sind wenigstens vier Messwerte für die Bestimmung der Modellparameter erforderlich. Eine Bestimmung der Parameter mit der vorgestellten Methode setzt die Durchführung von mindestens zwei Versuchen mit unterschiedlicher Vorschubgeschwindigkeit voraus, da je Versuch ein Messwert für die Schnittkraft sowie ein Messwert für die Schnittnormalkraft ermittelt wird. Zudem muss der Arbeitseingriff so gewählt werden, dass der Vorschubrichtungswinkel einen Bereich von $73{,}5° \leq \varphi \leq 106{,}5°$ abdeckt. Diese Voraussetzungen können während des Fräsprozesses am realen Bauteil nicht sicher erfüllt werden. Aus diesem Grund wird nachfolgend untersucht, wie das Übertragungsverhalten außerhalb der vorgenannten Beschränkungen identifiziert werden kann. Die im vorangegangenen Abschnitt ermittelten Modellparameter werden zur Entwicklung der Identifikationsmethode genutzt.

4.3.2 Entwicklung einer Methode zur kontinuierlichen Parameteridentifikation

Die Identifikation von Modellparametern in LZI-Systemen erfordert in der Regel ein Mindestmaß an Systemanregung durch die Eingangsgröße. Im Gegensatz dazu ist bei der Identifikation des Prozessübertragungsverhaltens beim Fräsen ($f \rightarrow F$) keine

Anregung der Regelstrecke notwendig, da es sich um ein verzögerungsfreies Übertragungsverhalten, in Abhängigkeit von den Eingriffsgrößen, handelt.

Im Folgenden wird eine Methode zur Identifikation des Prozessübertragungsverhaltens entwickelt, die es ermöglicht, unter Berücksichtigung der wechselnden Eingriffsgrößen, eine Identifikation entlang der Werkzeugbahn durchzuführen. Die Anforderungen an die Identifikationsmethode werden nachfolgend zusammengefasst:

- Robuste Identifikation des Prozessübertragungsverhaltens beim Fräsen mit Schaftfräsern unter Berücksichtigung wechselnder Eingriffsgrößen.
- Zeiteffiziente Berechnung, d. h. ortsabhängige Änderungen im Übertragungsverhalten, z. B. durch Härtegradienten, müssen innerhalb kurzer Zeit erfasst werden.
- Langsame Änderungen im Übertragungsverhalten, z. B. durch Werkzeugverschleiß, müssen hinreichend genau abgebildet werden.

Eine Identifikation der Modellparameter über einzelne charakteristische Punkte im zeitlichen Kraftverlauf eignet sich aufgrund des vorhandenen Störabstands nur bedingt. Besser geeignet ist eine Ausgleichsrechnung mit der Methode der kleinsten Fehlerquadrate unter Berücksichtigung des zeitabhängigen Kraftverlaufs über eine Werkzeugumdrehung [REKE15; NOUR15; TUKO11]. Zur Entwicklung der Methode wird zunächst das mathematische Problem beschrieben und der Lösungsraum untersucht. Anschließend wird die Methode anhand simulierter Messwerte entwickelt und an realen Messdaten validiert.

Für die Ermittlung der optimalen Modellparameter, aus welchen eine möglichst geringe Abweichung zwischen simuliertem und gemessenem Kraftverlauf resultiert, wird das Optimierungsproblem entsprechend Formel (4.10) definiert.

$$x_{km,opt} = \min_{x_{km}} g_{opt} \tag{4.10}$$

$$\text{mit } g_{opt} = \left\| \vec{F}_{sim} - \vec{F}_{mess} \right\|_{\ell 2}^{2}$$

$$x_{km} = \begin{pmatrix} k_c \\ k_{cn} \\ m_c \\ m_{cn} \end{pmatrix}$$

Zur Untersuchung des Lösungsraumes wird ein Referenzkraftverlauf berechnet. Unter Variation der Modellparameter k_c und m_c wird jeweils der Kraftverlauf simuliert und der quadratische Fehler in Bezug auf das Referenzsignal ermittelt. Wenn die Modellparameter k_{cn} und m_{cn} entsprechend den Referenzparametern gewählt werden, ergibt sich in der Ebene ein eindeutiges Minimum, welches dem globalen Minimum entspricht, Bild 4.15 a). Werden zusätzlich die Parameter der Schnittnormalkraft abweichend von den Referenzparametern gewählt, existiert zwar in der Ebene der Schnittkraftparameter ein eindeutiges Minimum, dieses stimmt jedoch nicht mit dem globalen Minimum überein, Bild 4.15 b). Gleiches gilt für den umgekehrten Fall in der Ebene der Schnittnormalkraftparameter.

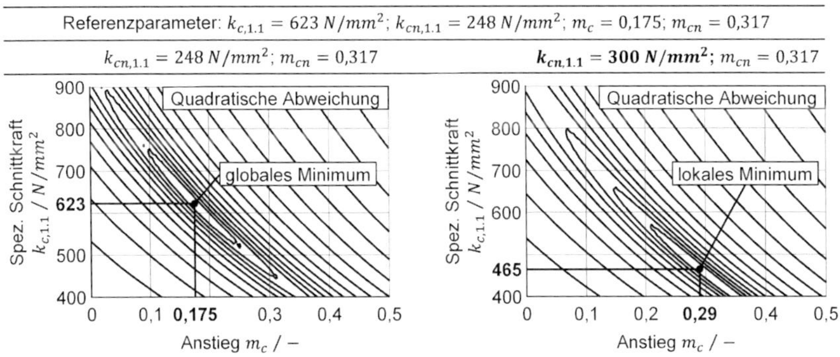

Bild 4.15: Globales bzw. lokales Minimum bei der Parameterermittlung

Global and local minimum for determining model parameter

Bei der Identifikation im realen Prozess müssen die Modellparameter ausgehend von Startwerten sicher identifiziert werden. Die Lage der Extremstellen im Kraftverlauf ist direkt abhängig von den Modellparametern m_c und m_{cn}. Weiterhin erfolgt eine Verschiebung, wenn sich das Verhältnis zwischen $k_{c1.1}$ und $k_{cn1.1}$ ändert. Daher ist in jedem Optimierungsschritt zunächst die zeitliche Verschiebung zwischen Messung und Simulation durch eine Kreuzkorrelation zu eliminieren [SCHM11]. Im Anschluss erfolgen die numerische Berechnung der Gradienten und die Ermittlung der Modellparameter, Bild 4.16. Hierfür wird die Matlab Funktion lsqnonlin verwendet, welche auf dem Trust-region-reflective Verfahren basiert und eine Integration der Kreuzkorrelation in die Optimierung erlaubt. Aufgrund des großen Verhältnisses der Proportionalparameter zu den Anstiegswerten werden die Proportionalparameter einer Normierung unterzogen. Die Optimierung wird bei einer Änderung der Modellparameter $\Delta k_{i1.1} \leq 0{,}5\ N/mm^2$ bzw. $\Delta m_i \leq 0{,}0005$ abgebrochen.

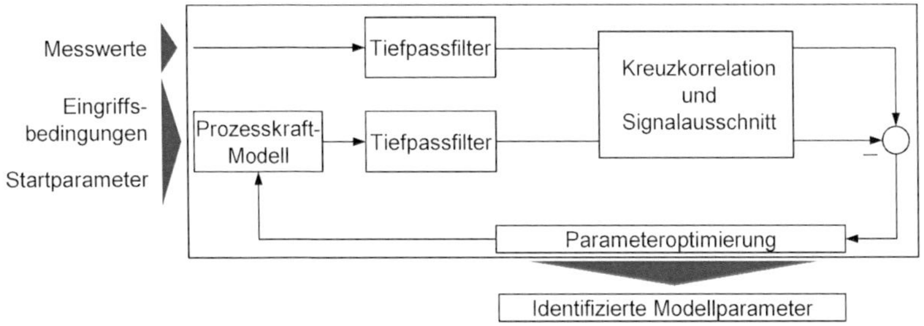

Bild 4.16: Algorithmus zur Identifikation der Parameter des Prozesskraftmodells

Algorithm for the online identification of cutting force coefficients

Aufgrund des geringen Gradienten in der Umgebung des globalen Optimums sowie der vorhandenen lokalen Optima ist das Auffinden des globalen Optimums stark von der Wahl der Startparameter abhängig. Durch eine gezielte Optimierung der Funktionsparameter zur numerischen Ermittlung des Gradienten wird diese Abhängigkeit deutlich reduziert. Dabei konnte, mit Werten für die Schrittweite zur Gradientenberechnung von $\Delta k_{c1.1} = \Delta k_{cn1.1} = 10\ N/mm^2$ sowie $\Delta m_c = \Delta m_{cn} = 0{,}01$, die Anzahl der notwendigen Optimierungsschritte minimiert werden und gleichzeitig ein Auffinden des globalen Optimums erreicht werden. Geringere Schrittweiten begünstigen das Auffinden von lokalen Optima. Zu große Werte führen zu einem sicheren Auffinden des globalen Optimums, aufgrund mehrfacher Richtungswechsel steigt jedoch die Anzahl der notwendigen Iterationen. Neben der Erfassung von langsamen Veränderungen der Modellparameter, welche durch fortschreitenden Werkzeugverschleiß etc. hervorgerufen werden, muss der Identifikationsalgorithmus ebenfalls in der Lage sein, schnelle Veränderungen sicher zu identifizieren. Gründe hierfür sind in Materialübergängen oder Härtegradienten im Werkstoff zu sehen.

Untersuchung des Folgeverhaltens

Zur Bewertung des Folgeverhaltens der Identifikationsmethode wird ein Verlauf der Modellparameter vorgegeben. Der Verlauf weist jeweils konstante Bereiche sowie einen Sprung und eine langsame lineare Veränderung auf. Die absoluten Werte der Modellparameter werden aus der durchgeführten Vorschubregression mit verschiedenen Verschleißzuständen entnommen. Zunächst wird mit diesen Modellparametern für jeden Identifikationsschritt der resultierende Verlauf der Prozesskraft berechnet. Zur Berücksichtigung von Messrauschen wird der Prozesskraftverlauf mit weißem Rauschen überlagert. Anschließend wird die Identifikationsmethode auf den simulierten Kraftverlauf angewendet, Bild 4.17.

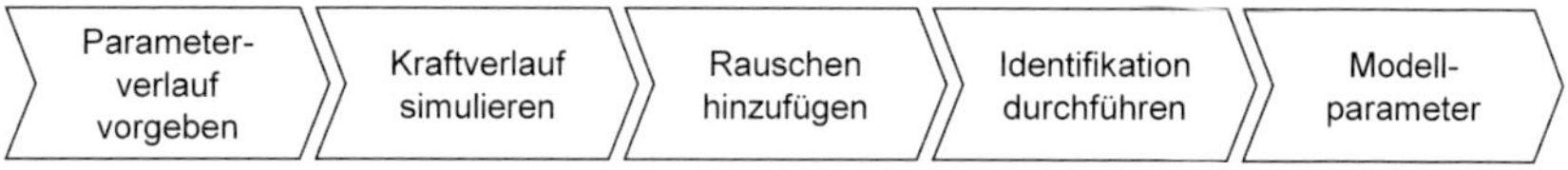

Bild 4.17: Untersuchung des Folgeverhaltens der Identifikationsmethode
Analysis of the tracking behavior of the identification method

Ab der zweiten Identifikation wird das Ergebnis der Optimierung jeweils als Startwert für die nächste Optimierung verwendet. Für die initialen Startparameter wird ein CCD-Versuchsplan (central composite design) mit zwei Werten je Parameter sowie dem Sternpunkt und dem nach außen verschobenen Flächenmittelpunkt vorgegeben. Dabei kann spätestens nach fünf Iterationen die Konvergenz gegen die vorgegebenen Werte festgestellt werden. Eine Steigerung der Konvergenzgeschwindigkeit wird erzielt, wenn die Startparameter in Richtung des größten Gradienten angeordnet werden, also für die Kombination von k_i und m_i jeweils kleine bzw. große Werte angenommen werden, vgl. Bild 4.15. Nach der erstmaligen Konvergenz gegen die vorgegebenen Modellparameter zeigt der Identifikationsalgorithmus ein gutes Folgeverhalten für den vorgegebenen Parameterverlauf, Bild 4.18.

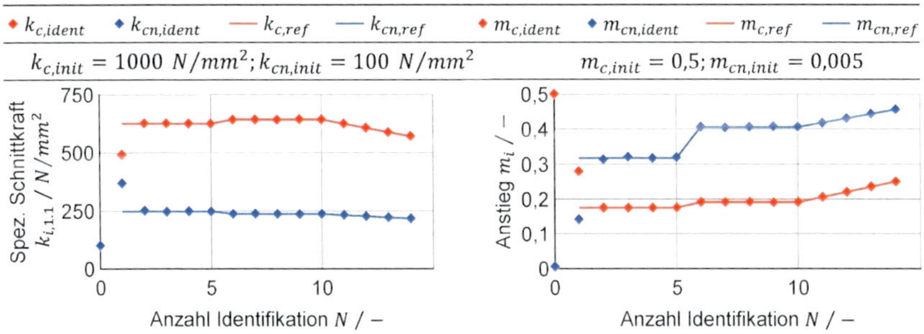

Bild 4.18: Folgeverhalten des Identifikationsalgorithmus anhand simulierter Werte

Subsequent behavior of the parameter identification algorithm for a simulated signal

Anwendung der Identifikationsmethode auf reale Messdaten

Um eine Bewertung der entwickelten Identifikationsmethode an realen Messdaten vornehmen zu können, wurden Fräsversuche mit variierender Eingriffsbreite durchgeführt, Tabelle 4.3.

Tabelle 4.3: Prozessparameter für die Versuche zur Ermittlung der Kraftmodellparameter

Process parameters for trials for determinating the force model parameters

Werkstoff	AlZnMgCu 1,5			
Werkzeug-parameter	HSS-Fräser	$D_{WKZ} = 10\ mm$	$\beta = 30°$	$n_z = 1$
Prozess-parameter	$v_c = 120\ m/min$	$F_{max} \approx 600\ N$ $f_{max} = 0{,}25\ mm$	$a_e = 1 \ldots 10\ mm$	$a_p = 5\ mm$

Ziel des Regelungssystems ist die Regelung auf ein konstantes Aktivkraftmaximum. Daher wurde der Vorschub jeweils so gewählt, dass das Aktivkraftmaximum konstant ca. 600 N beträgt, Bild 4.19. Der maximale Vorschub wurde auf $f_{max} = 0{,}25\ mm$ festgelegt, um Geometrieabweichungen zu begrenzen.

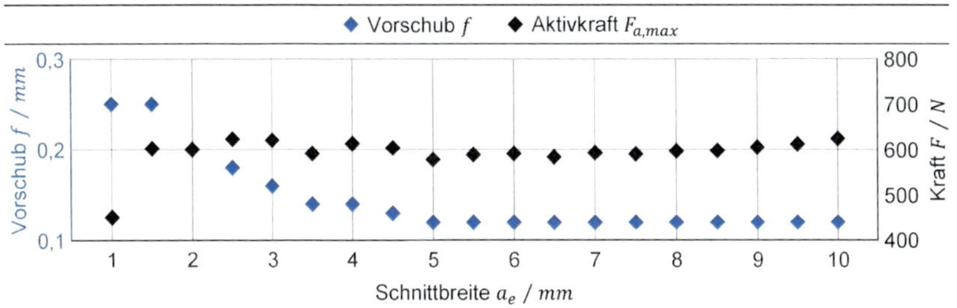

Bild 4.19: Maximalwerte der Aktivkraft in Abhängigkeit von Vorschub und Schnittbreite

Maximum active force depending on feed rate and width of cut

Für die Ermittlung der Modellparameter durch die lineare Ausgleichsrechnung werden je Vorschubgeschwindigkeit nur zwei Messwerte aus dem zeitlichen Kraftverlauf genutzt. Im Gegensatz dazu wird bei der entwickelten Identifikationsmethode der gesamte Kraftverlauf über eine Werkzeugumdrehung mit einbezogen, um die Differenz zwischen Simulation und Messung zu minimieren. Aufgrund der Abweichungen im zeitlichen Kraftverlauf zwischen Modell und Messung, vgl. Bild 4.13, ist zu erwarten, dass die mit beiden Methoden ermittelten Modellparameter voneinander abweichen.

Die Anwendung der Identifikationsmethode auf die durchgeführten Versuche zeigt, dass die Proportionalkoeffizienten zwischen $465\ N/mm^2 \leq k_{c1.1} \leq 673\ N/mm^2$ bzw. zwischen $155\ N/mm^2 \leq k_{cn1.1} \leq 278\ N/mm^2$ variieren. Für die Anstiegsparameter ergibt sich ein Wertebereich zwischen $0{,}14 \leq m_c \leq 0{,}28$ und $0{,}29 \leq m_{cn} \leq 0{,}54$, Bild 4.20. Insbesondere für die Anstiegswerte der Schnittnormalkraft ergeben sich deutliche Abweichungen von den zuvor ermittelten Modellparametern. Diese können durch eine Reduktion der Abweichungen im Kraftverlauf nach dem Erreichen des Aktivkraftmaximums erklärt werden.

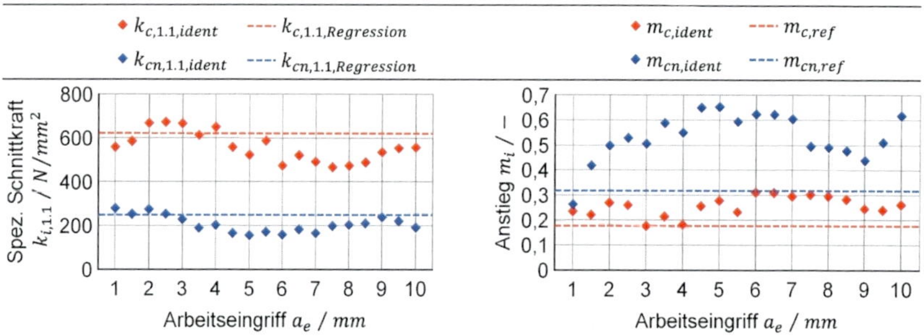

Bild 4.20: Identifizierte Modellparameter in Abhängigkeit von der Eingriffsbreite
Identified model parameter depending on the width of cut

Die Abweichung der identifizierten Modellparameter von den in Kapitel 4.3.1 ermittelten Modellparametern bedeutet nicht unbedingt, dass die identifizierten Modellparameter unbrauchbar sind. Entscheidend für die Kraftregelung ist eine gute Übereinstimmung mit dem Aktivkraftmaximum. Daher wird die Abweichung zwischen einer Simulation mit den identifizierten Parametern und der Messung bestimmt.

Der relative Fehler des Aktivkraftmaximums beträgt zwischen -3,8 % und +3,7 % für die mit der Vorschubregression ermittelten Modellparameter. Im Gegensatz dazu liegt der relative Fehler mit den identifizierten Modellparametern zwischen -3,3 % und -0,1 %, Bild 4.21. Der negative Mittelwert bei der direkten Identifikation resultiert daher, dass keine spezielle Berücksichtigung der Extremstellen erfolgt, sondern der gesamte Verlauf der Zerspankraft für die Parameteridentifikation genutzt wird. Die Summe der Fehlerquadrate bei der direkten Identifikationsmethode ist geringer als bei der linearen Regression, da bei der direkten Identifikation jeweils eine Anpassung des simulierten an den gemessenen Kraftverlauf erfolgt.

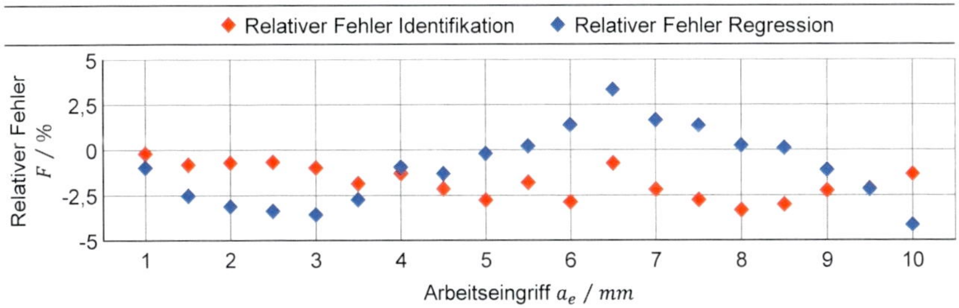

Bild 4.21: Fehler im Maximum der Aktivkraft in Abhängigkeit von der Identifikationsmethode
Error in the maximum active force depending on the identification method

4.3.3 Erweiterung der Identifikationsmethode um ein Modell für den Rundlauffehler

Da bereits geringe Ungenauigkeiten im Rundlauf des Fräsers Schwankungen im Bereich von 30 % - 50 % bezogen auf das Maximum der Aktivkraft bewirken, wird das Kraftmodell im Folgenden um ein Modell für den Rundlauffehler erweitert. Dabei wird davon ausgegangen, dass lediglich die Symmetrieachse des Werkzeugs parallel zur Drehachse verschoben ist. Diese Verschiebung wird durch zwei weitere Parameter im Kraftmodell, den Abstand der Achsen ρ sowie den Winkel zwischen den Schneiden und dem tatsächlichen Drehpunkt λ, beschrieben, vgl. Kapitel 2.2.3.

Eine Erweiterung der Least-Squares-Anpassung um diese beiden Parameter ist aufgrund der Überbestimmtheit des Problems durch das große Verhältnis der Anzahl der Datenpunkte und der Anzahl der Modellparameter mathematisch möglich. Die Untersuchungen zur Konvergenz aus dem vorigen Abschnitt wurden mit dem erweiterten Kraftmodell wiederholt. Die ermittelten Modellparameter konvergieren ebenfalls innerhalb weniger Schritte gegen die zur Simulation benutzten Parameter. Die Wahl des Startpunktes zeigt gleichermaßen einen Einfluss auf die Konvergenzgeschwindigkeit.

Zur quantitativen Bewertung der identifizierten Modellparameter wurden mit den in Tabelle 4.4 aufgeführten Prozessparametern Fräsversuche mit einem zweischneidigen Werkzeug durchgeführt.

Tabelle 4.4: Prozessparameter für die Versuche zur Ermittlung der Zerspankraftkoeffizienten
Process parameters for trials to determine the cutting force coefficients

Werkstoff	AlZnMgCu 1,5			
Werkzeug-parameter	HSS-Fräser	$D_{WKZ} = 10\ mm$	$\beta = 30°$	$n_z = 2$
Prozess-parameter	$v_c = 120\ m/min$	$f_z = 0{,}12 \ldots 0{,}25\ mm$	$a_e = 1 \ldots 10\ mm$	$a_p = 5\ mm$

Exemplarisch wurde der gemessene Kraftverlauf dem simulierten Kraftverlauf für vier ausgewählte Arbeitseingriffe gegenübergestellt, Bild 4.22. Der auf Basis des Modells bestimmte Kraftverlauf zeigt eine sehr gute Übereinstimmung mit der gemessenen Zerspankraft. Das Maximum der Aktivkraft wird für beide Schneiden gut abgebildet. Über alle Versuche beträgt der relative Fehler des Aktivkraftmaximums schen -3,6 % und +2,5 %.

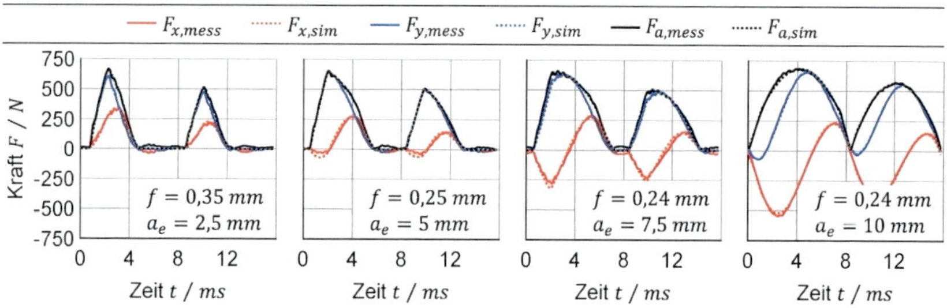

Bild 4.22: Vergleich zwischen Modell und Messung in Abhängigkeit von der Eingriffsbreite
Comparison between model and measurement depending on the width of cut

Eine kontinuierliche Identifikation bei konstanten Eingriffsgrößen über einer Bauteillänge von 150 mm zeigt, dass die Ermittlung der Modellparameter stabil ist und nur geringe Schwankungen auftreten, Bild 4.23. Diese können hauptsächlich auf einen Härtegradienten im Werkstoff über der Bauteillänge zurückgeführt werden. Über der Bauteillänge variiert die gemessene Härte zwischen 172,4 HB am Rand und 159,4 HB in der Mitte. Für die Parameter des Rundlauffehlermodells wurde eine achsparallele Verschiebung von $\rho \approx 20\ \mu m$ bei einem Winkel von $\lambda \approx -40°$ ermittelt. Eine signifikante Veränderung der Parameter wird bei den geringen wirkenden Kräften nicht beobachtet. Da jedoch eine Veränderung mit zunehmendem Werkzeugverschleiß möglich ist und die Parameter entscheidend für die Ausprägung des Aktivkraftmaximums sind, werden diese nach der ersten Identifikation nicht festgesetzt.

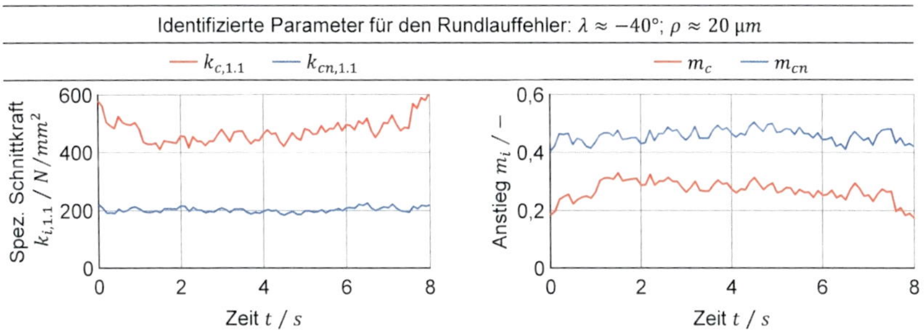

Bild 4.23: Zeitlicher Verlauf der identifizierten Modellparameter

Temporal course of the identified model parameters

4.3.4 Untersuchung der Vorhersagegenauigkeit

Die Aufgabe der Prozessidentifikation bei der Kraftregelung besteht in der Erfassung von Veränderungen im Prozessübertragungsverhalten. Dieses Wissen wird im Regelungssystem genutzt, um eine Verbesserung der Regelgüte zu erreichen. Bislang konnte sowohl anhand von simulierten als auch anhand von realen Messdaten gezeigt werden, dass die Identifikationsmethode in der Lage ist, eine Veränderung des Übertragungsverhaltens sicher zu erfassen. Für die durchgeführten Versuche mit einem zweischneidigen Werkzeug, Tabelle 4.4, beträgt der relative Fehler des Aktivkraftmaximums zwischen -3,6 % und +2,5 % bei einer Eingriffsbreite zwischen 1 mm und 10 mm.

Da sich beim Fräsen die Eingriffsgrößen während der Bearbeitung signifikant ändern können, ist abschließend die Vorhersagegenauigkeit, die sich mit der entwickelten Identifikationsmethode ergibt, zu bestimmen. Als Vorhersage wird dabei die Anwendung der identifizierten Modellparameter bei abweichenden Eingriffsgrößen bezeichnet. Wird die Parameteridentifikation z. B. bei einer Eingriffsbreite von $a_e = 5\ mm$ durchgeführt, ist die Abweichung bei einer Vorhersage des Aktivkraftmaximums für unterschiedliche Arbeitseingriffe zu untersuchen. Da mit dem Regelungssystem ein konstantes Aktivkraftmaximum angestrebt wird, wurde der Vorschub bei den durchgeführten Versuchen, in Abhängigkeit der Eingriffsgrößen, so gewählt, dass ein Aktivkraftmaximum von ca. 600 N erreicht wurde.

Angewendet auf die Versuche mit dem zweischneidigen Werkzeug ergibt sich eine maximale Abweichung zwischen -8 % und +7 %, Bild 4.24. Der Einfluss des Härtegradienten des Werkstücks wurde durch eine Identifikation an der gleichen Position am Bauteil weitestgehend eliminiert.

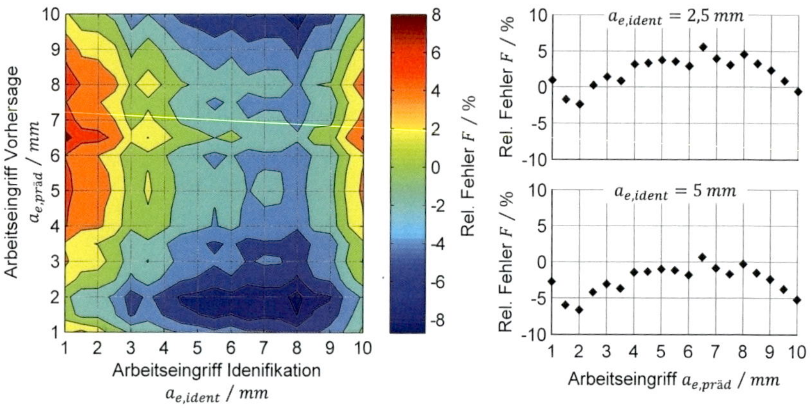

Bild 4.24: Relativer Fehler bei Vorhersage des Aktivkraftmaximums für unterschiedliche Eingriffsbreiten

Relative error for the prediction of the maximum active force for varying width of cut

4.3.5 Zusammenfassung

In Kapitel 4 konnte zunächst gezeigt werden, dass das Übertragungsverhalten der vorliegenden Regelstrecke durch eine Reihenschaltung von zwei Übertragungsgliedern dargestellt werden kann. Durch die Messung der aktuellen Vorschubgeschwindigkeit und des Prozesskraftverlaufs ist eine unabhängige Identifikation des Übertragungsverhaltens der Vorschubachsen und des Prozessübertragungsverhaltens möglich.

Das Übertragungsverhalten der Vorschubantriebe wurde zu einem Verzögerungsglied zweiter Ordnung mit Totzeit bestimmt. Durch Optimierung der Parameter des Servoantriebs wurde die Ausgleichszeit des Systems deutlich reduziert.

Zur Beschreibung des Prozessübertragungsverhaltens wurde ein Prozesskraftmodell auf der Basis des empirischen Ansatzes von Kienzle eingesetzt. Zur Quantifizierung der Abweichung zwischen Modell und Messung wurden zunächst Zerspanversuche mit variierender Vorschubgeschwindigkeit durchgeführt. Für die Ermittlung der Modellparameter wurde eine Methode vorgestellt, die eine eindeutige Trennung der Parameter für Schnitt- und Schnittnormalkraft ermöglicht. Mit den bestimmten Modellparametern wurde der Modellfehler, bezogen auf das Aktivkraftmaximum, zwischen -3,8 % und +3,7 % bestimmt.

Um eine direkte Ermittlung des Prozessübertragungsverhaltens im geschlossenen Regelkreis zu ermöglichen, wurde eine Identifikationsmethode entwickelt und analysiert, die auf der Minimierung der quadratischen Abweichung zwischen Messung und Simulation basiert. Bei der Betrachtung des Lösungsraumes wurde die Existenz von lokalen Minima deutlich. Daher wurde zunächst das Konvergenzverhalten der Identifikationsmethode überprüft. Es konnte gezeigt werden, dass die Identifikationsmethode in der Lage ist, einen vorgegebenen Verlauf der Modellparameter sicher zu erfassen.

Ziel des Regelungssystems ist die Festwertregelung des Aktivkraftmaximums. Zur Bewertung der entwickelten Identifikationsmethode wurden Fräsversuche mit variierenden Eingriffsgrößen und näherungsweise identischer maximaler Aktivkraft durchgeführt. Der relative Fehler zwischen Modell und Messung konnte unter Berücksichtigung des Rundlauffehlers in einem Bereich zwischen -3,6 % und +2,5 % ermittelt werden.

Abschließend wurde untersucht, ob sich durch die Identifikation ermittelte Modellparameter zur Vorhersage der Prozesskraft bei unterschiedlichen Eingriffsgrößen eignen. Hierzu wurde die Identifikationsmethode zunächst auf die durchgeführten Versuche angewendet und anschließend das Aktivkraftmaximum bei abweichenden Eingriffsgrößen simulativ ermittelt. Dabei konnte festgestellt werden, dass der relative Fehler bei der Vorhersage im Bereich zwischen -8 % und +7 % liegt.

5 Entwicklung einer prozessspezifischen Reglerauslegung

Development of a Process Specific Controller

Durch die wechselnden Eingriffsgrößen entlang der Werkzeugbahn resultiert während des Fräsprozesses eine Veränderung im Prozessübertragungsverhalten der Regelstrecke. Im Stand der Erkenntnisse wurde festgestellt, dass die modellbasierte prädiktive Regelung (MPR) als Regelungsverfahren für das Fräsen als besonders geeignet anzusehen ist. Im Rahmen des Exzellenzclusters „Integrative Produktionstechnik für Hochlohnländer" wurde im Teilprojekt „Selbstoptimierende Fertigungsprozesse" ein modellbasierter prädiktiver Regler entworfen.

Dieser Regler wird in Kapitel 5.1 an die prozessspezifischen Anforderungen des Fräsprozesses angepasst und parametriert. In Kapitel 5.2 wird eine Methode zur Ermittlung der Referenztrajektorie entwickelt. Abschließend wird der Regler in Kapitel 5.3 am Bearbeitungszentrum validiert.

In Kapitel 4 wurde gezeigt, dass die Regelstrecke durch zwei unabhängige Übertragungsglieder dargestellt werden kann. Da das Prozessübertragungsverhalten für die Regelung des Aktivkraftmaximums als verzögerungsfreies, nichtlineares Übertragungsglied anzusehen ist, wird nur das Maschinenübertragungsverhalten im Referenzmodell des modellprädiktiven Reglers berücksichtigt. Die Aufgabe des Reglers besteht damit in der Umsetzung einer Referenztrajektorie der Vorschubgeschwindigkeit. Das Prozessübertragungsverhalten, welches durch das Prozesskraftmodell beschrieben wird, wird zur Erzeugung der prozessspezifischen Referenztrajektorie genutzt.

5.1 Simulative Auslegung des Reglers

Im Gegensatz zur experimentellen Reglerauslegung bietet die simulative Auslegung den Vorteil einer einfachen Erprobung und Optimierung am Rechner. In Kapitel 4 wurde das Maschinenübertragungsverhalten als Verzögerungsglied zweiter Ordnung mit Totzeit identifiziert. Mit diesem Modell wird der Regler im Folgenden simulativ entwickelt und für die Regelung des Fräsprozesses optimiert.

5.1.1 Formulierung des übergeordneten Optimierungsproblems

Übergeordnetes Ziel der MPR ist eine kostenoptimale Bauteilfertigung unter Berücksichtigung technologischer Randbedingungen. Die technologischen Randbedingungen resultieren aus den eingesetzten Werkzeugen, Werkstoffen sowie aus den Qualitätsvorgaben. Zur Vermeidung von Schäden an Werkzeug, Werkstück und zur Einhaltung geometrischer Qualitätsvorgaben ist eine Regelung der Prozesskraft unabdingbar. Die Wahl der Regelgröße ist anhand der jeweiligen Zielgröße zu definieren. In dieser Arbeit wird für einen effektiven Werkzeugschutz das Aktivkraftmaximum als Regelgröße verwendet. Dadurch wird eine Begrenzung des Biegemomentes auf den Werkzeugschaft bzw. eine Begrenzung der auf die Schneide wirkenden Kraft erreicht. Zur Reduktion von Geometrieabweichungen ist die Abdrängung des Werkzeugs durch eine Begrenzung der Zerspankraft normal zur Vorschubrichtung zu minimieren.

Nach der Auswahl des Werkzeugs und der Planung der Werkzeugbahn verbleiben die Prozessparameter Vorschubgeschwindigkeit und Schnittgeschwindigkeit für die Prozessregelung als Stellgrößen. Wird angenommen, dass sich durch die Kraftregelung auf Basis der Vorschubgeschwindigkeit keine Steigerung der Werkzeugkosten und des Energieverbrauchs der Werkzeugmaschine bei gleichem zerspanten Volumen einstellt, so ist für eine kostenoptimale Fertigung die Minimierung der Fertigungszeit anzustreben. Dieses Ziel wird durch die Regelung der Prozesskraft auf den maximal zulässigen Wert erreicht.

Je nach Branche ergeben sich weitere Randbedingungen, die von der MPR berücksichtigt werden müssen. Bei der Zerspanung von sicherheitskritischen Bauteilen für Flugzeugtriebwerke ist ein Werkzeugwechsel unter Umständen nur zu bestimmten Zeitpunkten, z. B. beim Bauteilwechsel, zulässig, sodass zusätzlich zur Werkzeugbelastung eine Regelung des Werkzeugverschleißes notwendig wird. Gerade für Regelungen mit mehreren Stell- und Regelgrößen oder konkurrierenden Zielen unter Einhaltung von Nebenbedingungen ist die modellbasierte prädiktive Regelung besonders geeignet. Weitere Stell- und Regelgrößen sowie Nebenbedingungen finden im Optimierungsproblem und dessen Lösung Berücksichtigung.

Da die grundsätzliche Verfahrensweise beim Einsatz der MPR unabhängig von der Anzahl der Stell- und Regelgrößen ist, wird in dieser Arbeit nur eine Stell- und Regelgröße betrachtet. Als Regelgröße wird die Aktivkraft zum Schutz des Werkzeugs und zur Minimierung der Fertigungszeit festgelegt. Da die Vorschubgeschwindigkeit den relevanten Einflussparameter auf die Prozesskraft darstellt, wird diese als Stellgröße definiert. Die Anforderungen an den Regler werden nachfolgend zusammengefasst:

- Regelung der Aktivkraft auf einen vorgegebenen Sollwert
- Kein Überschreiten oder Überschwingen über die Sollwertvorgabe
- Minimierung der Fertigungszeit

5.1.2 Implementierung der modellbasierten prädiktiven Regelung

Die Implementierung der modellbasierten prädiktiven Regelung erfolgt in der Entwicklungsumgebung Matlab, welche eine zeiteffiziente Berechnung von Matrixoperationen erlaubt. Im Folgenden werden zunächst die prozessspezifischen Anforderungen und Randbedingungen für die Implementierung der MPR untersucht. Es folgen die Wahl der Einstellparameter, eine erste Bewertung der Regelung sowie das Aufzeigen von Optimierungspotenzial.

Zeitdiskretes Zustandsraummodell

Das Verfahren der MPR basiert auf einer zeitdiskreten Regelung im Zustandsraum, vgl. Kapitel 2.3.4. Daher wird das in Kapitel 4 identifizierte kontinuierliche Modell für die Übertragungsfunktion der Vorschubachsen zunächst in die diskrete Zustandsraumdarstellung überführt. Die Konvertierung kann im Hinblick auf die Genauigkeit im Zeit- und Frequenzbereich mit unterschiedlichen Verfahren durchgeführt werden. Für eine gute Übereinstimmung im Zeitbereich zum jeweiligen Abtastzeitpunkt eignet sich die Beschreibung als Halteglied 0. Ordnung, Bild 5.1. Die ermittelte Systemtotzeit wird als Vielfaches der Abtastzeit in das zeitdiskrete Modell einbezogen und bewirkt eine zusätzliche Anzahl an Systemzuständen.

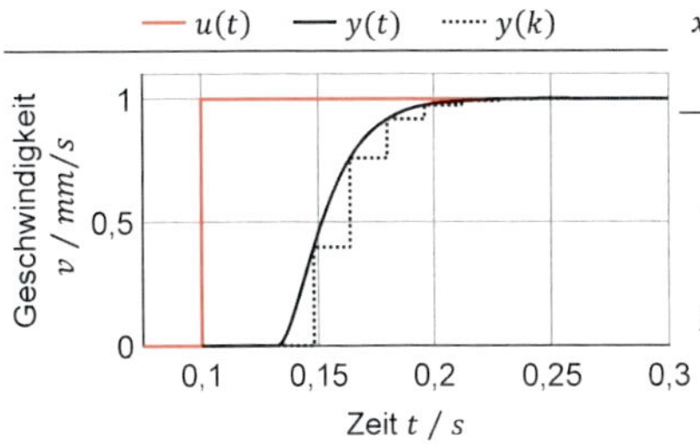

$$x(k+1) = A_D x(k) + B_D u(k) \quad \text{Zustandsgleichung}$$

$$y(k) = C_D x(k) \quad \text{Ausgangsgleichung}$$

$$A_D = \begin{pmatrix} -0{,}046 & -26{,}03 & 26{,}03 & 0 \\ 0{,}005 & 0{,}683 & 0{,}317 & 0 \\ 0 & 0 & 0 & 1 \\ 0 & 0 & 0 & 0 \end{pmatrix} \begin{matrix} \left.\right\} \text{System-dynamik} \\ \left.\right\} \text{System-totzeit} \end{matrix}$$

$$B_D = (0 \quad 0 \quad 0 \quad 1)^T \qquad C_D = (0 \quad 1 \quad 0 \quad 0)$$

Bild 5.1: Zeitdiskrete Darstellung des Übertragungsverhaltens der Vorschubachse
Time discrete representation of the feed axis' transfer behaviour

Analyse der Nebenbedingungen

Für die Regelung der Vorschubgeschwindigkeit sind die technischen Grenzen von Maschine und Prozess in der Regelung als Nebenbedingungen zu berücksichtigen. Da die Richtung der Vorschubbewegung durch das NC-Programm vorgegeben ist, nimmt die Regelung lediglich einen Einfluss auf den Betrag der Geschwindigkeit, sodass sich die Untergrenze der Stellgröße zu $u_{min} = 0$ ergibt. Die Wahl der Obergrenze definiert die maximale Vorschubgeschwindigkeit im Schnittmodus sowie die erreichbare Auflösung, welche sich aus der Eingabeauflösung des Interfacemoduls errechnet. Der über das DMP-Modul eingegebene Spannungswert wird durch eine Polynomfunktion verrechnet und über eine Synchronfunktion mit dem Vorschub-Override multipliziert. Die Übertragungsfunktion wird als Polynom ersten Grades gewählt, um einen linearen Zusammenhang zwischen eingegebener Spannung und resultierender Vorschubgeschwindigkeit zu erzielen. Bei einer Eingabeauflösung von 12 Bit ergibt sich mit der programmierten Bahngeschwindigkeit $v_{f,prog}$ eine Auflösung der Vorschubgeschwindigkeit von

$$\Delta v_f = 0{,}0244\,\% \cdot v_{f,prog}\,. \qquad (5.1)$$

Für die Wahl der programmierten Bahngeschwindigkeit ist zu berücksichtigen, dass eine ausreichend hohe Geschwindigkeit beim An- und Abfahren des Werkstücks erreicht werden kann. Auf der anderen Seite darf der Wert nur so groß gewählt werden, dass eine hinreichend genaue Regelung der Aktivkraft im Prozess möglich ist. Wird für die Regelung der Aktivkraft eine maximale Abweichung von 1 % festgelegt, so ergibt sich die zu programmierende Bahngeschwindigkeit für die Bearbeitung mit den in Kapitel 4 definierten Werkzeugen und Parametern bei einer Abschätzung zugunsten der Genauigkeit zu

$$v_{f,prog} = u_{max} = \frac{1\,\% \cdot F_{soll}}{\partial F_{a,max} / \partial v_f} 2^{12} = 3600 \frac{mm}{min} . \tag{5.2}$$

Neben den technischen Grenzen für die Stellgröße ist ggf. auch eine technologische Begrenzung notwendig. Die Vorgabe einer technologisch minimalen Vorschubgeschwindigkeit führt zu einer sicheren Spanbildung und verhindert übermäßige Reib- und Quetschvorgänge. Das Unterschreiten der Vorgabe stellt das Erreichen der Verschleißgrenze dar. Die Vorgabe einer technologisch maximalen Vorschubgeschwindigkeit wird, z. B. durch den Einfluss auf die kinematische Rauheit, erforderlich.

Begrenzungen, welche unabhängig vom Prozesszustand sind, werden in den Nebenbedingungen des Optimierungsproblems berücksichtigt. Andernfalls erfolgt eine spezifische Berücksichtigung über die Ermittlung der Referenztrajektorie, Kapitel 5.2.

Bestimmung der Abtastzeit

Die Wahl der Abtastzeit spielt bei digitalen Abtastregelungen eine wesentliche Rolle, da diese einen Einfluss auf die Regelgüte hat und somit für die erfolgreiche Umsetzung des Regelungssystems verantwortlich ist. Für einfache lineare Regler gibt Isermann Abtastzeiten in Anlehnung an das dynamische Verhalten der Regelstrecke von $1/15$ bis $1/4 \cdot t_{95\%}$ an [ISER87]. Dittmar schlägt für die modellprädiktiven Regelungsverfahren eine Abtastzeit entsprechend den generellen Einstellregeln für digitale Abtastregelungen vor [DITT04]. Bei der Wahl der Abtastzeit sind neben den Zeitkonstanten der Regelstrecke auch weitere Zeitkonstanten des Systems zu berücksichtigen. Für die Vorschubachsen der Werkzeugmaschine wurde eine Ausgleichszeit $t_{95\%} = 66{,}4\,ms$ ermittelt. Weitere Zeitkonstanten der Vorschubeinheit wie die Abtastzeit des Lagereglers oder des Interpolators sind mit 1 ms bzw. 3 ms klein. Eine weitere relevante Zeitkonstante des Systems stellt die Werkzeugdrehzahl dar, da der Maximalwert der Aktivkraft über einer Werkzeugumdrehung betrachtet wird. Die Zeit für eine Werkzeugumdrehung ergibt sich mit den in Kapitel 4 genutzten Prozessparametern zu 15,7 ms. Die Abtastzeit des Regelungssystems wird daher zu $T_s = 16\,ms$ gewählt, da andernfalls kein neuer Messwert der Aktivkraft vorliegt. Für das Maschinenmodell wurde eine Totzeit von $T_d = 32\,ms$ bestimmt, welche durch ein ganzzahliges Vielfaches der Abtastzeit dargestellt wird. Hierdurch wird vermieden, dass ein Teil der Totzeit im PT_2-Modell abgebildet wird und zu einem Verlust an Performance führt.

Definition der Kostenfunktion

Die Kostenfunktion wird in der MPR dazu genutzt, die optimale Stellgrößenfolge zu ermitteln. Dabei wird neben der Regelabweichung auch der Stellaufwand einbezogen. In der Regel wird für modellbasierte prädiktive Regelungen die Summe des gewichteten Quadrates der ℓ^2-Norm der Regelabweichung und des gewichteten Quadrates der ℓ^2-Norm des Stellaufwandes gebildet, welche auch im Folgenden für eine erste Auslegung des Reglers angesetzt wird, vgl. Formel (2.20).

Über die Matrizen Q und R wird das Verhältnis zwischen Regelabweichung und Stellaufwand bestimmt. Weiterhin können einzelne Elemente des Vektors der Regelabweichung bzw. des Stellgrößenvektors unterschiedlich stark gewichtet werden. Da der obere Prädiktionshorizont lediglich das dynamische Verhalten der Regelstrecke einschließt, ist eine unterschiedliche Gewichtung der Regelabweichung nicht erforderlich, sodass Q als Einheitsmatrix $Q = I$ gewählt wird. Eine unterschiedliche Wichtung der Elemente des Stellgrößenvektors ist zu diesem Zeitpunkt ebenfalls als nicht erforderlich anzusehen, sodass $R = \Lambda \cdot I$ gewählt wird. Bei der Bearbeitung komplexer Geometrien durch 5-Achs-Bearbeitung können häufige Richtungswechsel in einzelnen Vorschubachsen auftreten. Die Vorschubachsen sind für diese Belastungen ausgelegt, sodass der Stellaufwand zunächst über $\Lambda = 0$ vernachlässigt wird.

Wahl der Horizonte

Bei der Wahl des unteren Prädiktionshorizontes ist ggf. eine vorhandene Totzeit einzubeziehen, da das Systemverhalten bis zu diesem Zeitpunkt durch den aktuell ausgegebenen Stellwert nicht mehr zu beeinflussen ist. Durch die Berücksichtigung der Totzeit im diskreten Zustandsraummodell wird diesem Umstand automatisch Rechnung getragen und der untere Prädiktionshorizont kann zu $N_1 = 1$ gewählt werden.

Die Wahl des oberen Prädiktionshorizontes muss unter der Kenntnis des dynamischen Systemverhaltens der Regelstrecke geschehen. Zur Gewährleistung eines guten Folgeverhaltens muss der obere Prädiktionshorizont die wesentliche Dynamik der Regelstrecke abbilden. Bei einer Ausgleichszeit von $t_{95\%} = 66{,}4\,ms$ wird diese Forderung durch Wahl einer Horizontlänge von drei Abtastschritten erfüllt. Mit der Systemtotzeit ergibt sich ein oberer Prädiktionshorizont von $N_2 = 5$ für die Regelung.

Der Stellhorizont ist unter der Berücksichtigung des unteren und oberen Prädiktionshorizontes zu $N_u \leq N_2 - N_1 + 1$ zu wählen. In der Regel wird der Stellhorizont zu $N_u \leq 3$ gewählt [ABEL06, S. 233]. Durch die Wahl des Stellhorizontes wird das dynamische Systemverhalten beeinflusst, sodass dieser im Folgenden mithilfe einer Simulation bestimmt wird.

Simulation des geschlossenen Regelkreises

Zur Bewertung der MPR wird zunächst eine Simulation des geschlossenen Regelkreises vorgenommen. Dazu wird der MPR ein zeitkontinuierliches Modell der Regelstrecke mit Abtastglied nachgeschaltet, dessen Ausgang auf den Eingang der Regelung wirkt. Im Anschluss wird die MPR für die Regelung des Fräsprozesses optimiert. Der Sollwert wird in Form einer zeitinvarianten Referenztrajektorie definiert, welche der Regelung schrittweise zugeführt wird. Die Referenztrajektorie enthält mehrere Sollwertsprünge sowie einen rampenförmigen Verlauf, um die Leistungsfähigkeit der Regelung unter ungünstigen Eingangsbedingungen bestimmen zu können, Bild 5.2.

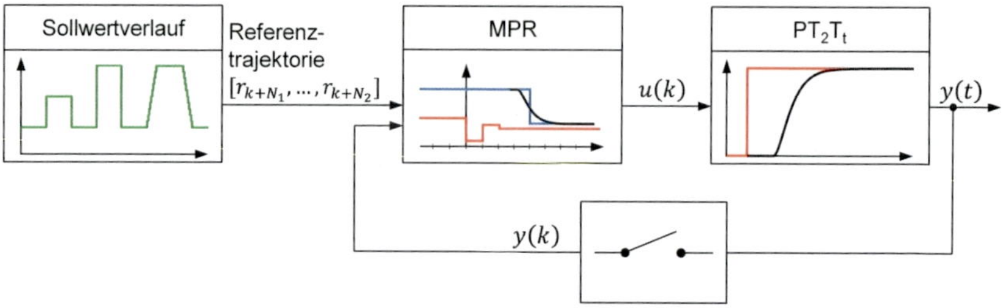

Bild 5.2: Vorgabe der Referenz und Simulation des geschlossenen Regelkreises
Reference trajectory and simulation of the closed-loop control

Die Wahl des Stellhorizontes N_u entscheidet, wie viele zukünftige Stellschritte in die Lösung des Optimierungsproblems einbezogen werden. Für $N_u = 1$ ergibt sich eine Veränderung des Stellwertes, sobald eine Veränderung der Referenztrajektorie in den Prädiktionshorizont hineinrückt. Im Gegensatz dazu wird durch einen Stellhorizont $N_u = 2$ die quadratische Regelfläche verringert, da für die Optimierung bereits eine Berücksichtigung des folgenden Stellschrittes erfolgt, Bild 5.3. Für beide Einstellmöglichkeiten ergibt sich ein Verlauf der Ausgangsgröße, welcher den vorgegebenen Sollwertverlauf zeitweise überschreitet. Durch die geringere Ausgleichszeit und die geringere quadratische Regelfläche bei einem Stellhorizont von $N_u = 2$ wird dieser für die folgenden Untersuchungen beibehalten.

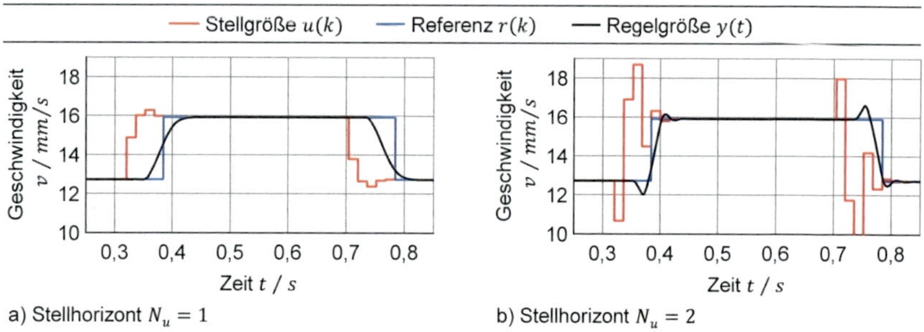

Bild 5.3: Stell- und Regelgrößenverlauf in Abhängigkeit vom Stellhorizont
Manipulated variable and course of controlled variable depending on the control horizon

Optimierung der MPR

Die erste Simulation des geschlossenen Regelkreises hat gezeigt, dass der Verlauf der Regelgröße die Führungsgröße überschreitet, Bild 5.3, und somit nicht den definierten Anforderungen entspricht. Zur Optimierung der MPR werden daher im Folgenden zunächst die Nebenbedingungen überprüft und erweitert und anschließend eine prozessspezifische Optimierung der Kostenfunktion durchgeführt.

Erweiterung der Nebenbedingungen

Aus technologischer Sicht ist ein Überschreiten und Überschwingen der Prozesskraft über die Führungsgröße zu vermeiden, um einen zuverlässigen Werkzeugschutz zu gewährleisten. Diese Forderungen werden von einem aperiodischen Regelgrößenverlauf erfüllt.

In der vorigen Simulation wurde in der Formulierung des Optimierungsproblems lediglich eine Beschränkung der Stellgröße berücksichtigt. Im Folgenden wird zusätzlich eine Beschränkung der Regelgröße im Optimierungsproblem eingeführt, sodass ein Überschreiten des Sollwertes verhindert wird. Der prädizierte Verlauf der Regelgröße $y(\cdot|\,k)$ lässt sich für ein lineares zeitinvariantes System zu

$$y(\cdot|\,k) = f(\cdot|\,k) + \Phi\Delta u \tag{5.3}$$

bestimmen, sodass die Forderung nach $y \leq r$ durch die erste Nebenbedingung

$$f(\cdot|\,k) + \Phi\Delta u \leq r(\cdot|\,k) \qquad \text{(NB 1)} \tag{5.4}$$

erfüllt wird. Wird diese Bedingung ebenfalls in das quadratische Optimierungsproblem einbezogen, ergibt sich ein Regelgrößenverlauf, welcher bei einem Sollwertsprung nach unten die Vorgabe erfüllt, Bild 5.4 a). Im Gegensatz dazu weist der kontinuierliche Regelgrößenverlauf bei einem Sollwertsprung nach oben ein Überschreiten des Sollwertes auf. Dieser liegt in der Diskretisierung des Systems begründet, da der Schätzwert des Kalman-Filters für die diskrete Regelgröße $\hat{y}_{KF}(k)$ zu jeder Zeit die o. g. Bedingung erfüllt. Eine Reduktion der Abtastzeit führt zu einer Verbesserung, müsste jedoch zur vollständigen Erfüllung der Anforderung gegen $T_s = 0$ streben. In Abschnitt 5.1.2 wurde die Diskretisierungsmethode als Halteglied 0. Ordnung gewählt, damit der diskrete Modellwert in jedem Abtastzeitschritt exakt mit dem kontinuierlichen Systemverhalten übereinstimmt. Wird die Sollwertvorgabe um einen Abtastschritt vorgezogen, wird auch das Überschreiten der Sollwertvorgabe durch den kontinuierlichen Ausgangsverlauf zuverlässig verhindert. Um eine negative Auswirkung auf den Regelgrößenverlauf bei einem Sollwertsprung nach unten zu verhindern, ist diese Verschiebung in Abhängigkeit von der Referenztrajektorie in jedem Abtastzeitschritt durchzuführen. Alternativ dazu wird eine weitere Ungleichheitsbedingung für die Lösung des Optimierungsproblems aufgestellt, welche die um einen Schritt verschobene Sollwertvorgabe

$$f(\cdot|\,k) + \Phi\Delta u \leq r(\cdot|\,k+1) \qquad \text{(NB 2)} \tag{5.5}$$

enthält. Hierdurch wird in jedem Fall gewährleistet, dass die Regelgröße den Verlauf der Referenztrajektorie nicht überschreitet, ohne dass die Sollwertvorgabe verändert werden muss. Der Regelgrößenverlauf für den Sollwertsprung nach unten wird durch die zusätzliche Bedingung nicht beeinflusst, da diese automatisch erfüllt ist, Bild 5.4 b). Durch die Einführung der beiden Nebenbedingungen werden die technologischen Anforderungen zur Gewährleistung des Werkzeugschutzes erfüllt.

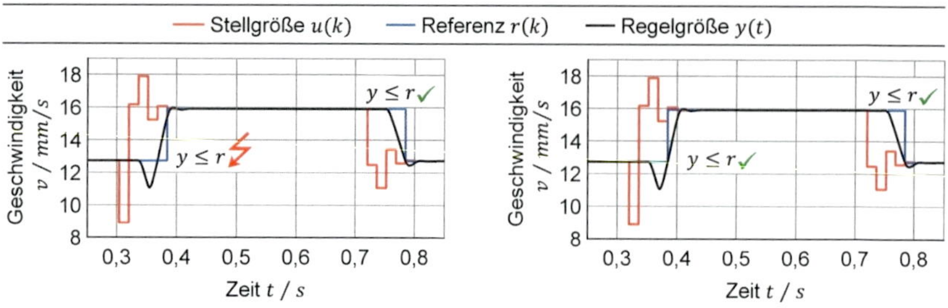

a) mit Nebenbedingung NB 1

b) mit Nebenbedingung NB 1 und NB 2

Bild 5.4: Stell- und Regelgrößenverlauf mit erweiterten Nebenbedingungen

Course of controlled and manipulated variable with extended constraints

Durch die Erweiterung der Nebenbedingungen erfolgt beim Sollwertsprung nach oben zunächst ein Verlauf der Regelgröße in entgegengesetzter Richtung. Dieser Verlauf wird durch die Berücksichtigung der quadratischen Regelfläche in der Kostenfunktion bewirkt und wird durch eine Vergrößerung des Stellhorizontes reduziert. Eine Vergrößerung des Stellhorizontes bewirkt neben einem unruhigen Regelgrößenverlauf einen erhöhten Rechenaufwand bei der Lösung des Optimierungsproblems und wird daher nicht weiter untersucht. Aus diesem Grund wird im Folgenden eine prozessspezifische Optimierung der Kostenfunktion durchgeführt.

Prozessspezifische Optimierung der Kostenfunktion

Neben den unter Umständen konkurrierenden, übergeordneten Optimierungszielen ist die Minimierung der Fertigungszeit durch die Prozesskraftregelung anzustreben. Bei festgelegtem Werkzeugweg ist von der Regelung das Ziel einer möglichst hohen Vorschubgeschwindigkeit bzw. das Zurücklegen einer möglichst großen Strecke im definierten Zeitintervall zu verfolgen. Der im betrachteten Prädiktionshorizont zurückgelegte Weg ergibt sich als Integral über die Regelgröße zu

$$s(t) = \int_{t+N_1T_S}^{t+N_2T_S} y(\tau)d\tau\,. \tag{5.6}$$

Die Formulierung als Minimierungsproblem gelingt über die Bildung der Differenz zwischen Sollwertvorgabe und Regelgröße zur Wegdifferenz

$$\Delta s(t) = \int_{t+N_1T_S}^{t+N_2T_S} \big(r(\tau) - y(\tau)\big)d\tau = \int_{t+N_1T_S}^{t+N_2T_S} e(\tau)d\tau\,, \tag{5.7}$$

welche der linearen Regelfläche entspricht. Unter Berücksichtigung der Nebenbedingung $y(t) \leq r(t)$ ergibt sich für die Wegdifferenz das Betragskriterium

$$\Delta s(t) = \int_{t+N_1 T_s}^{t+N_2 T_s} |e(\tau)| d\tau \ . \tag{5.8}$$

Im Gegensatz zur quadratischen Regelfläche beschreibt die ℓ^1-Norm für ein LZI-System eine linear von der Stellgröße abhängige Funktion. Der Einsatz dieser Funktion als Kostenfunktion in der MPR setzt voraus, dass das Optimierungsproblem in Richtung des Optimums beschränkt ist. Durch die Beschränkung der Stellgröße erfolgt eine allseitige Beschränkung, sodass die gesuchte Stellgrößenfolge ggf. auf dem Rand des zugelassenen Bereiches liegt.

Mathematisch besser konditioniert ist die Lösung eines quadratischen Optimierungsproblems. Durch Quadrieren der ℓ^1-Norm ergibt sich eine Funktion

$$\Delta s^2(t) = \left(\int_{t+N_1 T_s}^{t+N_2 T_s} |e(\tau)| d\tau \right)^2 \neq \int_{t+N_1 T_s}^{t+N_2 T_s} e(\tau)^2 d\tau = J_{\ell^2} \ . \tag{5.9}$$

welche nicht mit dem Quadrat der ℓ^2-Norm übereinstimmt. Grundsätzlich soll für jeden Punkt P_n innerhalb des Prädiktionshorizontes gelten, dass dieser möglichst nahe an dem durch die Referenz vorgegebenen Punkt P_{ref} liegt, Bild 5.5.

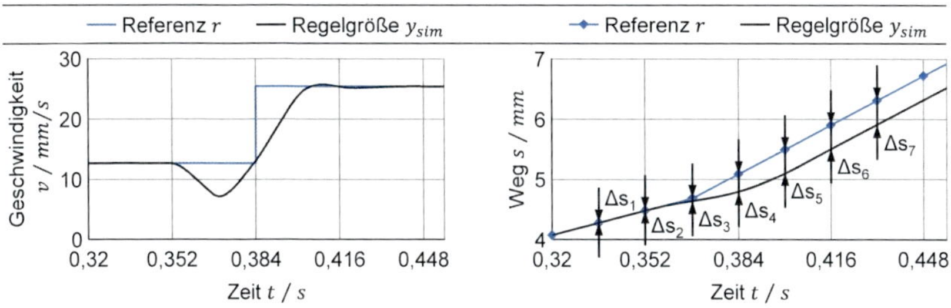

Bild 5.5: Zeit- und positionsabhängiger Verlauf von Referenz und Regelgröße
Time- and position-based course of reference and controlled variable

Die Berechnung der Abstände zwischen den Punkten der Referenz und den durch die Regelung bestimmten Punkten erfolgt zu

$$\begin{pmatrix} \Delta s_1 \\ \Delta s_2 \\ \vdots \\ \Delta s_n \end{pmatrix} = \begin{pmatrix} P_{1,ref} - P_{1,mpc} \\ P_{2,ref} - P_{2,mpc} \\ \\ P_{n,ref} - P_{n,mpc} \end{pmatrix} \tag{5.10}$$

$$= T_s \begin{pmatrix} Y_{1,ref} - Y_{1,mpc} & & \\ Y_{1,ref} - Y_{1,mpc} + & Y_{2,ref} - Y_{2,mpc} & \\ \vdots & \vdots & \ddots \\ Y_{1,ref} - Y_{1,mpc} + & Y_{2,ref} - Y_{2,mpc} + & \ldots + Y_{n,ref} - Y_{n,mpc} \end{pmatrix}$$

$$= \mathrm{T_s}\begin{pmatrix} \mathrm{e_1} & & \\ \mathrm{e_1}+\mathrm{e_2} & & \\ \vdots & \vdots & \ddots \\ \mathrm{e_1}+\mathrm{e_2}+\ldots+\mathrm{e_n} & & \end{pmatrix},$$

wobei n durch die Länge des Prädiktionshorizontes gegeben ist. Die Abweichungen der jeweiligen Punkte werden quadriert, mit Q gewichtet, summiert, um den Stellaufwand erweitert und als Kostenfunktion definiert, Formel (5.11).

$$J_{erw}(k) = \sum_{i=N_1}^{N_2} Q_{i-N_1+1,i-N_1+1}\, \Delta s_{k+i}^2 + \sum_{i=1}^{N_u} \big(\Delta u(k+i \mid k)\big)^2 R_{ii} \tag{5.11}$$

$$= \sum_{i=N_1}^{N_2} Q_{i-N_1+1,i-N_1+1} \left(\left(\sum_{j=N_1}^{i} y(k+j \mid k) - r(k+j \mid k) \right) T_s \right)^2$$

$$+ \sum_{i=1}^{N_u} \big(\Delta u(k+i \mid k)\big)^2 R_{ii}$$

Mit der freien Regelabweichung $e' = f - r$, der unteren Dreiecksmatrix M

$$M = \begin{pmatrix} 1 & & & 0 \\ 1 & 1 & & \\ \vdots & & \ddots & \\ 1 & 1 & \ldots & 1 \end{pmatrix} \tag{5.12}$$

und $Q = I$, wird die Kostenfunktion als quadratisches Problem der Form

$$J(x) = \frac{1}{2} \Delta u^T \tilde{Q} \Delta u + c^T \Delta u + d \tag{5.13}$$

formuliert, Formel (5.14).

$$J_{erw} = \Delta u^T (\Phi^T M^T Q M \Phi + R) \Delta u + 2e'^T M^T Q M \Phi \Delta u + g(e'^2) \tag{5.14}$$

Der optimale Verlauf der Stellgröße wird durch Minimieren der Kostenfunktion ermittelt, Formel (5.15). Hierfür wird der Solver qpOASES zur Lösung von quadratischen Optimierungsproblemen genutzt [FERR14].

$$u(\cdot \mid k)_{opt} = \min_{u(\cdot \mid k)} J\big(u(\cdot \mid k)\big) \tag{5.15}$$

Eine Simulation mit der erweiterten quadratischen ℓ^1-Norm zeigt ceteris paribus einen stabilen Regelgrößenverlauf mit einer deutlich verringerten Verzögerung zu Beginn der Ausregelung des Sollwertsprungs nach oben, Bild 5.6 a). Die Betragsregelfläche für einen Sollwertsprung nach oben und nach unten sinkt um 30 % von ursprünglich 6,72 mm/s auf 4,7 mm/s. Die quadratische Regelfläche sinkt um 54 % von 14,67 mm²/s² auf 6,71 mm²/s² gegenüber der Kostenfunktion auf Basis der ℓ^2-Norm. Das Überschwingen über die Führungsgröße beim Sollwertsprung nach oben wird durch Begrenzung des Stellaufwandes mit $R = 0{,}05 \cdot I$ verhindert, Bild 5.6 b). Damit einher geht eine Vergrößerung der Betragsregelfläche auf 5,14 mm/s, sodass sich gegenüber der Kostenfunktion mit dem Quadrat der ℓ^2-Norm eine Verringerung um 24 % ergibt.

Wird die Matrix M zu einer unteren Dreiecksmatrix gemäß Formel (5.12) und $Q = I$ gewählt, ergibt sich eine abfallende Wichtung der Elemente der Regelabweichung im Prädiktionshorizont, da die Abweichung Δs_i ebenfalls Bestandteil der Abweichung Δs_{i+1} ist, Formel (5.10).

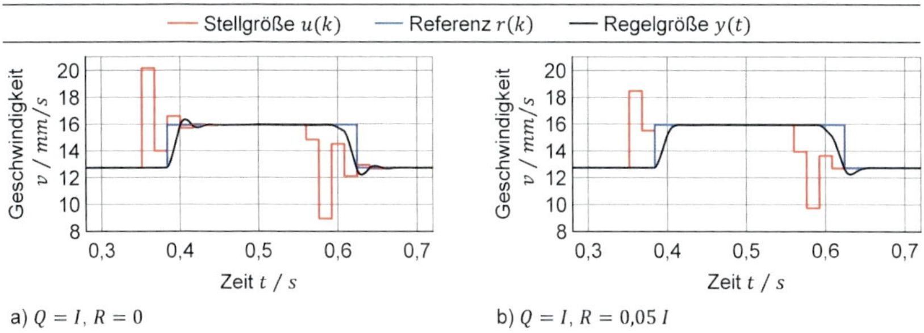

Bild 5.6: Einfluss des Stellaufwandes auf den Regelgrößenverlauf
Influence of the manipulated variable's changes to the control signal

Über die Diagonalmatrix Q können die einzelnen Zeilen von M und somit die jeweilige Wegdifferenz Δs_i unterschiedlich stark in das Optimierungsproblem einbezogen werden. Im Extremfall wird mit

$$Q = \begin{pmatrix} 0 & \dots & & 0 \\ \vdots & \ddots & & \vdots \\ & & 0 & 0 \\ 0 & \dots & 0 & 1 \end{pmatrix} \tag{5.16}$$

nur die summierte Abweichung im letzten Punkt des Prädiktionshorizontes minimiert. Die Lösung hierfür zeigt einen ähnlichen Verlauf der Stell- und Regelgröße wie in Bild 5.6, jedoch mit einer deutlich größeren Betragsregelfläche.

Über eine spaltenweise identische Wahl von M können die einzelnen Elemente des Vektors der Regelabweichung gewichtet werden. Eine weitere Verringerung der Regelabweichung konnte hierdurch jedoch nicht erreicht werden, sodass im Folgenden $Q = I$ und M als untere linke Dreiecksmatrix gewählt wird.

5.1.3 Stabilitätsbetrachtung

Ein analytischer Nachweis der Stabilität kann nur für die unbeschränkte lineare modellbasierte prädiktive Regelung geführt werden, vgl. Kapitel 2.3.4. Für die beschränkte lineare MPR kann nur für bestimmte Einzelfälle überprüft werden, ob die Ausregelung einer Störung stabil erfolgt. Da die definierte Kostenfunktion einer Ljapunov Funktion genügt, muss deren Wert während der Ausregelung einer Störung kontinuierlich abnehmen, um das notwendige Kriterium für den Stabilitätsnachweis zu erfüllen. Ein Beweis der Stabilität wird damit jedoch nicht erbracht.

Mit den im vorigen Abschnitt ermittelten Einstellparametern wird eine Simulation mit einem vorgegebenen Sollwertverlauf durchgeführt. Nach der Berechnung des optimalen Stellgrößenverlaufs wird in jedem Abtastschritt der Wert der Kostenfunktion bestimmt. Bei jeder auftretenden Störung steigt der Wert der Kostenfunktion zunächst für maximal n Schritte, wobei n die Länge des Prädiktionshorizontes widerspiegelt, Bild 5.7. Nach dem Auftreten der Störung sinkt der Wert der Kostenfunktion streng monoton bis zur numerischen Darstellungsgrenze bzw. bis zur nächsten Veränderung in der Sollwertvorgabe. Die zeitliche Verschiebung zwischen Referenz und der sprunghaften Erhöhung der Kostenfunktion entspricht dem Wert des oberen Prädiktionshorizontes. Während der rampenförmigen Vorgabe steigt die Kostenfunktion mehrfach an, was auf die ständige Veränderung der Sollwertvorgabe zurückzuführen ist. Nach dem Auftreten der letzten Störung fällt auch für diesen Fall die Kostenfunktion streng monoton. Damit kann das Regelungssystem für die vorgegebene Sollwertfolge als stabil angesehen werden.

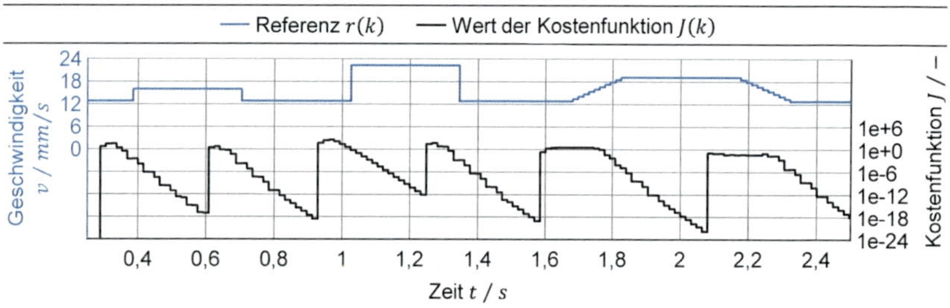

Bild 5.7: Verlauf der Kostenfunktion für einen vorgegebenen Sollwertverlauf

Course of cost function for a given reference signal

Bei den bisherigen Untersuchungen wurde das Simulationsmodell identisch zum Referenzmodell des Reglers gewählt, Bild 5.2. Hierdurch ergibt sich eine sehr gute Übereinstimmung, da der prädizierte Verlauf der Regelgröße exakt eingehalten wird. Da in der Praxis nicht von einer exakten Übereinstimmung ausgegangen werden kann, wird im Folgenden untersucht, wie sich eine Abweichung zwischen realem Maschinenübertragungsverhalten und dem im Regler genutzten Referenzmodell auswirkt. Diese Abweichungen werden in der MPR durch das Kalman-Filter berücksichtigt. Der Schätzwert des Kalman-Filters wird nachfolgend mit $\hat{y}_{KF}$ bezeichnet. Bei unverändertem Referenzmodell im Regler wurden die Zeitkonstanten des Regelstreckenmodells verändert und eine Simulation des geschlossenen Regelkreises durchgeführt, Bild 5.8. Ebenfalls wurde der Wert der Kostenfunktion berechnet.

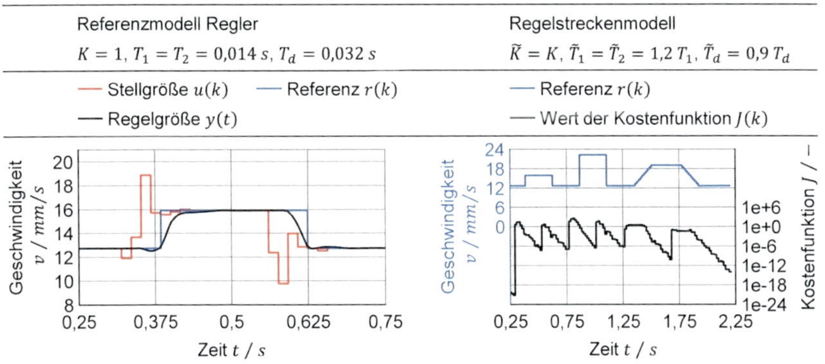

Bild 5.8: Regelgrößenverlauf und Verlauf der Kostenfunktion bei Modellabweichung
Course of controlled variable and cost function with model deviation

Bei einer moderaten Modellabweichung ergibt sich für den Regelgrößenverlauf nur eine geringfügige Veränderung. Weicht die Totzeit des Referenzmodells im Regler ab, erfolgt eine zeitliche Verschiebung des Regelgrößenverlaufs um die Differenz der Totzeit, sodass die Referenztrajektorie bei sprungförmiger Änderung überschritten wird. Ist das reale Streckenverhalten dynamischer als das Referenzmodell, resultiert ein Regelgrößenverlauf mit leichtem Überschwingen. Im umgekehrten Fall folgt ein nicht optimaler Regelgrößenverlauf, welcher die Referenz bei einem Sollwertsprung nach unten geringfügig überschreitet. Der geforderte streng monoton fallende Verlauf der Kostenfunktion wird an wenigen Stellen nicht eingehalten, insbesondere bei sprungförmiger Änderung der Referenztrajektorie. Wird die Referenztrajektorie vorab mit einem Tiefpassfilter gefiltert, ergibt sich ein streng monoton fallender Verlauf der Kostenfunktion.

5.1.4 Validierung des Reglers am Bearbeitungszentrum

Zur Validierung des Reglers am Bearbeitungszentrum wird als Sollwertvorgabe eine zeitinvariante Referenztrajektorie aufgeschaltet, welche mit jedem Abtastschritt um ein Element verschoben wird. Diese enthält neben mehreren Sollwertsprüngen einen rampenförmigen Verlauf. Aufgrund des Rauschens des Geschwindigkeitsmesswertes wurde das Kalman-Filter so angepasst, dass der geschätzte Messwert in Bereichen konstanter Geschwindigkeit gerade keine Schwankungen mehr aufweist. Der vorgegebene Sollwertverlauf wird von der Regelstrecke exakt umgesetzt und nicht überschritten. Bild 5.9 zeigt den gemessenen Verlauf der Vorschubgeschwindigkeit im Bereich einer sprungförmigen Änderung der Sollwertvorgabe.

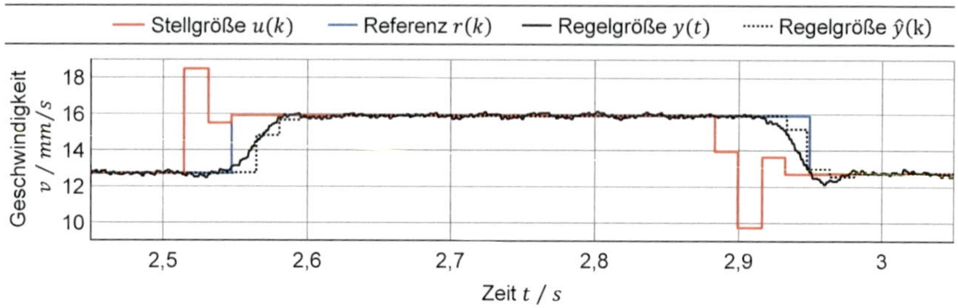

Bild 5.9: Regel- und Stellgrößenverlauf bei zeitinvarianter Sollwertvorgabe

Course of control and manipulated variable for time invariant reference signal

5.2 Ermittlung der prozessspezifischen Referenztrajektorie

Die Referenztrajektorie beschreibt für die MPR den Sollwertverlauf über der Zeit. Insbesondere bei nicht sprungfähigen Systemen, zu welchen auch die Vorschubachsen des Bearbeitungszentrums zählen, wird die Referenztrajektorie häufig so gewählt, dass sprungförmige Übergänge bereits mit einem entsprechenden Übergangsverhalten versehen werden. Hierzu kann eine Filterung mit einem Systemverhalten ähnlich der Regelstrecke erfolgen, sodass eine gut umzusetzende Referenztrajektorie resultiert.

Entsprechend der definierten Anforderungen ist der Verlauf der Vorschubgeschwindigkeit $r(\cdot|\,k)$ so zu wählen, dass die resultierende Prozesskraft möglichst der maximalen Prozesskraft entspricht, diese jedoch nicht überschreitet. Im Folgenden wird eine Methode zur Bestimmung der prozessspezifischen Referenztrajektorie während der Fräsbearbeitung entwickelt. Dafür ist es zunächst erforderlich, die Eingriffsgrößen entlang der Werkzeugbahn zu ermitteln. Mit dem inversen Prozesskraftmodell resultiert die Sollwertvorgabe, aus welcher die Referenztrajektorie berechnet wird, Bild 5.10.

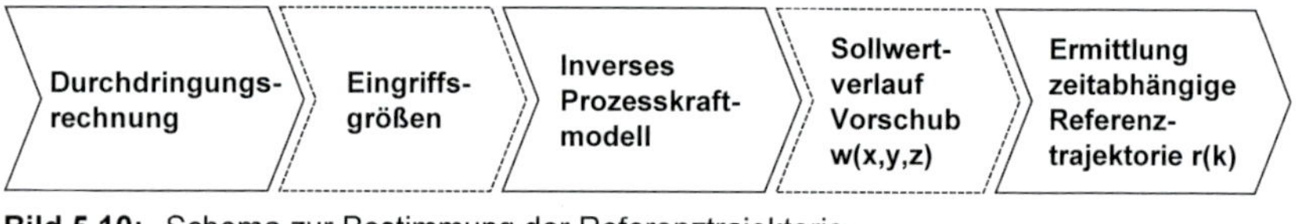

Bild 5.10: Schema zur Bestimmung der Referenztrajektorie

Scheme for determination of reference trajectory

5.2.1 Positionsbezogene Ermittlung des Sollwertverlaufs

Der Zusammenhang zwischen Vorschub und Prozesskraft wird vom eingesetzten Zerspankraftmodell abgebildet. Neben den in Kapitel 4 identifizierten Modellparametern stellen die geometrischen Eingriffsgrößen weitere Eingangsparameter des Zerspankraftmodells dar. Für die Ermittlung des Sollwertverlaufs müssen daher die aktuell vorherrschenden sowie die zukünftigen Eingriffsgrößen während der Bearbeitung bekannt sein. Diese Information wird über eine Synchronisierung der Tool-

Center-Position der Werkzeugmaschine mit einer a-priori durchgeführten Durchdringungsrechnung ermittelt. Die Invertierung des Zerspankraftmodells liefert bei vorgegebener Prozesskraft den Sollwertverlauf der Vorschubgeschwindigkeit.

Bestimmung der Eingriffsgrößen entlang der Werkzeugbahn

Zur Bestimmung der Eingriffsgrößen entlang der Werkzeugbahn wird nach der Erzeugung der Werkzeugbahn im CAM-System eine Durchdringungsrechnung durchgeführt. Für diese Aufgabe wird der NCProfiler aus dem CAx-Framework des Fraunhofer IPT eingesetzt. Neben einer Kollisionsüberprüfung bietet der NCProfiler verschiedene Möglichkeiten zur offline-Optimierung von NC-Code, in deren Rahmen auch eine Ausgabe der Eingriffsgrößen möglich ist [POTH11]. Als Eingangsdaten können sowohl maschinenspezifischer NC-Code als auch maschinenunabhängiger CL-Code (cutter location) verwendet werden. Um einen konstanten räumlichen Abstand der ausgegebenen Simulationspunkte zu erreichen, wird die vom CAM-System geplante Werkzeugbahn als CL-Code ausgegeben, über eine Interpolation auf den gewünschten Punktabstand verfeinert und der Durchdringungsrechnung zugeführt. Die Ausgabe der Eingriffsgrößen erfolgt positionsbasiert in eine Textdatei. Zusätzlich zu den Eingriffsgrößen wird der Richtungsvektor der Vorschubgeschwindigkeit, bezogen auf das Maschinenkoordinatensystem, für die Berechnung der Koordinatentransformation ausgegeben. Parallel zur Durchdringungsrechnung wird der Maschinencode durch den Postprozessorlauf der CAM-Software erzeugt, Bild 5.11.

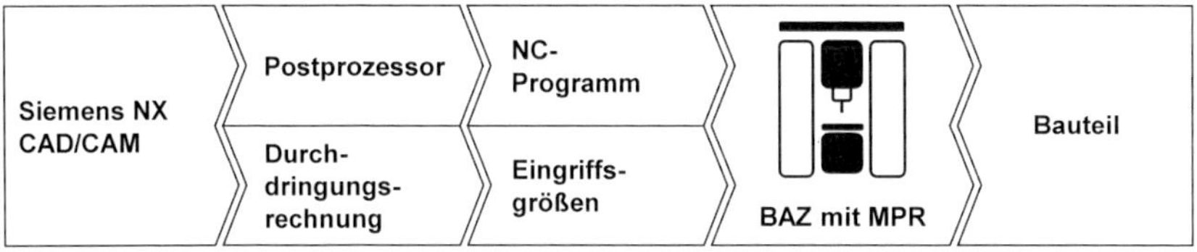

Bild 5.11: Erweiterung der CAD/CAM Kette zur Ermittlung der Eingriffsgrößen
Extension of CAD/CAM process chain for determination of engagement situation

Synchronisierung mit der Durchdringungsrechnung

Um während der Fräsbearbeitung die aktuellen Eingriffsgrößen zur Verfügung zu stellen, wird ein Abgleich zwischen der Durchdringungsrechnung und der aktuellen Werkzeugposition durchgeführt. Grundsätzlich eignen sich hierfür die folgenden Verfahren:

- Abgleich über NC-Satznummer
- Ähnlichkeitsvergleich zwischen gemessenem und erwartetem Prozesskraftverlauf
- Zeitbasierte Bahnverfolgung
- Positionsbasierte Bahnverfolgung

Aufgrund der erforderlichen Genauigkeit ist der Abgleich über die NC-Satznummer nicht geeignet, da die Bahnlänge der NC-Sätze in der Regel nicht konstant ist und sich die Eingriffsgrößen während eines NC-Satzes maßgeblich verändern können. Eine zeitbasierte Bahnverfolgung erfordert ein exaktes Modell von NC-Steuerung und Vorschubachsen [MINO13]. Bereits geringe Modellungenauigkeiten kumulieren sich über der Laufzeit zu nicht tolerierbaren Abweichungen. Schmidt gelingt es dennoch, eine zeitliche Synchronisierung für die Prozessüberwachung durch ein entsprechendes Maschinenmodell herzustellen [SCHM11]. Wegen der angestrebten Veränderung der Vorschubgeschwindigkeit durch die Regelung wird eine zeitliche Synchronisierung als nicht hinreichend exakt eingestuft. Daher wird in dieser Arbeit eine Synchronisierung über die Positionsinformation verfolgt. Hierfür wird die aktuelle Position des Tool-Center-Points im Werkstückkoordinatensystem (WKS) erfasst, vgl. Kapitel 4.1.2. Die Simulationsdaten stehen ebenfalls im WKS zur Verfügung und müssen schrittweise durchlaufen werden, da über der gesamten Werkzeugbahn einzelne Punkte mehrfach angefahren werden können. Das Überfahren eines simulierten Punktes wird über die Distanz zur aktuellen TCP Position ausgewertet. Unterschreitet der Abstand eine Toleranzgrenze ϵ, wird die Position als erreicht angesehen.

Die Zuverlässigkeit dieses Algorithmus hängt entscheidend davon ab, ob jeder Punkt innerhalb der definierenden Toleranzgrenze angefahren wird. Im Bahnsteuerbetrieb ist dies nur unter der Voraussetzung möglich, dass die Überschleiftoleranz, der Abstand der simulierten Punkte und die Toleranzgrenze exakt aufeinander abgestimmt sind. Aufgrund der zulässigen Abweichung von der Sollgeometrie wird beim Schruppfräsen, zugunsten der Geschwindigkeit beim Richtungswechsel, mit einer höheren Überschleiftoleranz gearbeitet. Unter dieser Voraussetzung kann ein Punkt als angefahren erfasst werden, wenn der zeitliche Verlauf des Abstandes zwischen TCP und simuliertem Punkt ein Minimum angenommen hat. Nachteilig wirkt sich hierbei aus, dass zum sicheren Erfassen des Minimums der Punkt deutlich überfahren werden muss, wodurch sich eine zeitlich verzögerte Erkennung ergibt.

Zur Stabilisierung der erstgenannten Methode wird diese für mehrere zukünftige Simulationspunkte parallel ausgeführt. Für eine Anzahl n an zukünftigen Simulationspunkten wird der Abstand zwischen TCP und simulierter Position berechnet, Formel (5.17). Der Zeiger auf die aktuelle Position wird auf den Punkt mit dem geringsten Abstand zum TCP, welcher die Toleranzschwelle ϵ unterschreitet, gesetzt. Diese Methode ermöglicht auch das Überspringen von Simulationspunkten und eignet sich daher auch für den Bahnsteuerbetrieb mit Überschleifen. Die Anzahl der Punkte ist anhand der Überschleiftoleranz und der Distanz zwischen den simulierten Punkten zu wählen.

$$\begin{pmatrix} \|P_{TCP} - P_{sim}(k+1)\|_{\ell 2} \\ \|P_{TCP} - P_{sim}(k+2)\|_{\ell 2} \\ \vdots \\ \|P_{TCP} - P_{sim}(k+n)\|_{\ell 2} \end{pmatrix} \leq \varepsilon \tag{5.17}$$

Zur Validierung des Verfahrens wurden Versuche auf dem Bearbeitungszentrum Hüller Hille Specht durchgeführt. Mit einer Vorschubgeschwindigkeit von 1910 mm/min wurde ein Richtungswechsel von 90° in der XY-Ebene bei variierender Überschleiftoleranz durchgeführt. Der Abstand der simulierten Punkte beträgt 0,2 mm. Unabhängig von der tatsächlich zurückgelegten Bahn wird beim erneuten Unterschreiten der Toleranzgrenze die Synchronisierung wiederhergestellt, Bild 5.12.

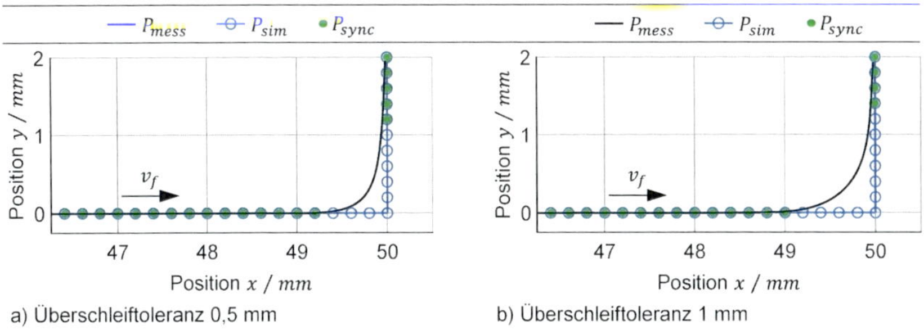

Bild 5.12: Positionsverfolgung in Abhängigkeit von der Überschleiftoleranz

Following the movement depending on tolerance value

Durch die Bahnabweichung werden beim Umfahren der Ecke Simulationspunkte übersprungen. Über eine zusätzliche Schätzung von Position und Richtung könnte die Anzahl der übersprungenen Simulationspunkte verringert werden. Unabhängig davon entsteht jedoch bei einer Abweichung von der programmierten Bahn in jedem Fall eine Abweichung zwischen tatsächlichen und erwarteten Eingriffsgrößen. Um eine weitere Verbesserung zu erzielen, müsste bei der Durchdringungsrechnung auch das dynamische Verhalten aus NC-Steuerung und Vorschubachsen berücksichtigt werden.

Berechnung des positionsbezogenen Sollwertverlaufs

Der Zusammenhang zwischen Prozesskraft und Vorschubgeschwindigkeit in Abhängigkeit von den Eingriffsgrößen wird durch die Inverse des Prozessübertragungsverhaltens hergestellt. Aufgrund der nichtlinearen Zusammenhänge im Prozesskraftmodell wird ein effizienter Algorithmus benötigt, der eine schnelle Berechnung der Umkehrfunktion ermöglicht.

Hierfür wird zunächst eine Simulation des Prozesskraftverlaufs ohne Einfluss des Rundlauffehlers über eine Umdrehung mit einem Vorschub von $f = 1\,mm$ durchgeführt. Innerhalb dieses Verlaufs werden das Maximum der Aktivkraft und der zugehörige Zeitpunkt $t_{F_a,max}$ bestimmt. Die Ermittlung des Soll-Vorschubes wird als Nullstellenproblem mit den einzelnen Kraftkomponenten zum ermittelten Zeitpunkt formuliert und mithilfe des Newton-Verfahrens gelöst, Formel (5.18).

$$\begin{aligned} 0 = g(f) = F_{a,max}^2 &- \left(F_{x,cn}(t_{F_a,max})f^{1-m_{cn}} + F_{x,c}(t_{F_a,max})f^{1-m_c}\right)^2 \\ &- \left(F_{y,cn}(t_{F_a,max})f^{1-m_{cn}} + F_{y,c}(t_{F_a,max})f^{1-m_c}\right)^2 \end{aligned} \qquad (5.18)$$

Der Algorithmus benötigt ca. 0,7 ms pro Berechnung (Rechnerhardware: 4 Prozessorkerne, 8 Threads, Intel Xeon 3,3 GHz, 8 GB RAM) bei einer Abtastrate von $f_{Abtast} = 5000\,Hz$ und einer Diskretisierung der Schnitttiefe durch 25 Elemente. Die ermittelte Vorschubgeschwindigkeit wird an die technologisch definierten Grenzen angepasst. Wird die maximale Aktivkraft zu $F_{a,max} = 600\ N$ angenommen, ergibt sich ein Verlauf der Vorschubgeschwindigkeit gemäß Bild 5.13. Ab einer Eingriffsbreite von $a_e \geq 6{,}4\ mm$ erreicht die Vorschubgeschwindigkeit ein Minimum, da keine weitere Steigerung des Integrals der Spanungsdicke über der Fräserachse erfolgt.

Werkzeugparameter: $D_{WKZ} = 10\ mm;\ n_z = 1;\ \beta = 30°$ Prozessparameter: $a_p = 5\ mm;\ F_{a,max} = 600\ N$
Kraftmodellparameter: $k_{c1.1} = 623\ N/mm^2;\ k_{cn1.1} = 312\ N/mm^2;\ m_c = 0{,}144;\ m_{cn} = 0{,}288$

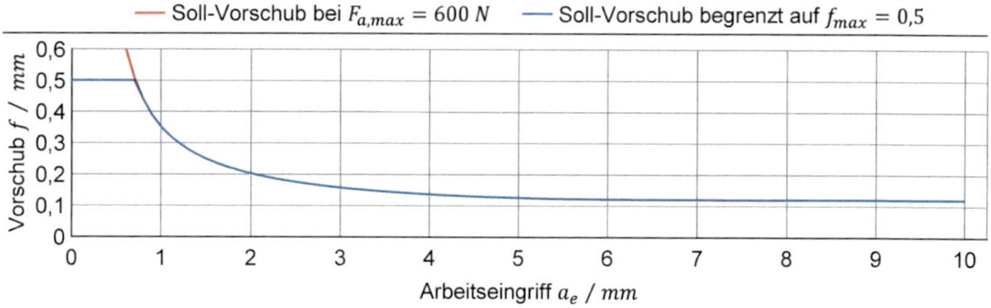

Bild 5.13: Soll-Vorschub in Abhängigkeit von der Eingriffsbreite beim Gleichlauffräsen
Feed rate set point depending on the engagement conditions for down milling

Korrektur des Rundlauffehlers

Bei dem im vorigen Abschnitt beschriebenen Algorithmus zur Berechnung der Soll-Vorschubgeschwindigkeit wurde der Einfluss des Rundlauffehlers vernachlässigt. In Kapitel 4.3.3 wurde ein Modell zur Berücksichtigung des Rundlauffehlers in das Kraftmodell integriert. Die Parameter ρ und λ repräsentieren eine achsparallele Verschiebung bzw. eine zusätzliche Verdrehung des Fräsers bezogen auf das Drehzentrum. Das Aktivkraftmaximum wird maßgeblich durch den Rundlauffehler verändert. Um den Sollwert der Aktivkraft nicht zu überschreiten, wird daher von dem berechneten Sollwert ohne Rundlauffehler f ein Korrekturwert Δf_{RLF} abgezogen.

$$f_{korr} = f - \Delta f_{RLF} \tag{5.19}$$

Für die Berechnung der Spanungsdicke in Abhängigkeit vom Vorschubrichtungswinkel und der Position der z-Scheibe gilt

$$h(\varphi, z) = \left(f + \frac{\rho \cos\left(\lambda - \frac{2\tan(\beta)}{D} z\right)}{\sin(\varphi)} \right) \sin(\varphi), \tag{5.20}$$

woraus der Korrekturterm zu

$$\Delta f_{RLF}(\varphi, z) = \frac{\rho \cos\left(\lambda - \frac{2\tan(\beta)}{D} z\right)}{\sin(\varphi)} \tag{5.21}$$

ermittelt wird. Unter der Annahme, dass der Rundlauffehler den Zeitpunkt, zu welchem der Maximalwert der Aktivkraft auftritt, nicht beeinflusst, wird der Korrekturterm zu

$$\Delta f_{RLF}(F = F_{max}) \approx \frac{|\rho \cdot \xi_m|}{\varphi_m} \tag{5.22}$$

bestimmt. Die mittleren Winkel φ_m und ξ_m werden in Abhängigkeit des Eingriffsbereiches beim Gleichlauffräsen durch Integration ermittelt, Bild 5.14.

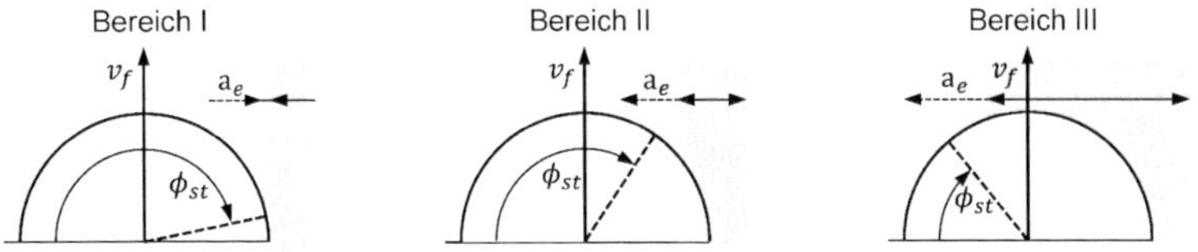

Bereich I:

$$\pi - \psi \leq \varphi_{st} < \pi$$

$$\xi_m = \frac{1}{\pi - \varphi_{st}} \int_0^{\pi - \varphi_{st}} \cos(\lambda - \xi)\, d\xi$$

$$\varphi_m = \frac{1}{\pi - \varphi_{st}} \int_{\varphi_{st}}^{\pi} \sin(\varphi)\, d\varphi$$

Bereich II:

$$\frac{\pi}{2} - \frac{\psi}{2} \leq \varphi_{st} < \pi - \psi$$

$$\xi_m = \frac{1}{\psi} \int_0^{\psi} \cos(\lambda - \xi)\, d\xi$$

$$\varphi_m = \frac{1}{\psi} \int_{\varphi_{st}}^{\varphi_{st} + \psi} \sin(\varphi)\, d\varphi$$

Bereich III:

$$0 \leq \varphi_{st} < \frac{\pi}{2} - \frac{\psi}{2}$$

$$\xi_m = \frac{1}{\psi} \int_0^{\psi} \cos(\lambda - \xi)\, d\xi$$

$$\varphi_m = \frac{1}{\psi} \int_{\frac{\pi}{2} - \frac{\psi}{2}}^{\frac{\pi}{2} + \frac{\psi}{2}} \sin(\varphi)\, d\varphi$$

Bild 5.14: Korrektur des Rundlauffehlers bei der Berechnung des inversen Prozesskraftmodells

Correction of the cutter run-out error for determinating the inverse of the process force model

Bereich I wird dadurch charakterisiert, dass die Schneide bei geringem Arbeitseingriff nicht auf der gesamten Höhe der Schnitttiefe im Eingriff ist. Bereich II erstreckt sich bis zu einer Eingriffsbreite, ab der die maximale mittlere Spanungsdicke nicht weiter ansteigt. In Bereich III ist die maximale mittlere Spanungsdicke unabhängig von der Eingriffsbreite. Für Austrittswinkel $\varphi_{ex} \leq \pi$ sind die notwendigen Größen entsprechend zu ermitteln.

Ein Vergleich der Näherungslösung mit der exakten Lösung, welche durch eine numerische Nullstellensuche bei feiner Diskretisierung des Werkzeugs ermittelt wird, zeigt eine gute Übereinstimmung für das Maximum der Aktivkraft, Bild 5.15. Für die Ermittlung der Näherungslösung wurde eine reduzierte Abtastrate von 5000 Hz gewählt und die Diskretisierung der Schnitttiefe durch 25 Elemente vorgenommen. Erfolgt keine Begrenzung der Vorschubgeschwindigkeit, so beträgt der maximale relative Fehler -4,7 % und tritt im ersten Bereich auf. Ab einer Eingriffsbreite von $a_e \geq 2\, mm$ ist der Fehler kleiner 2,2 %. Die benötigte Rechenzeit für die Berechnung eines Vorschubwertes auf dem eingesetzten Rechner beträgt ca. 130 ms für die exakte Lösung und ca. 0,72 ms für die Näherungslösung.

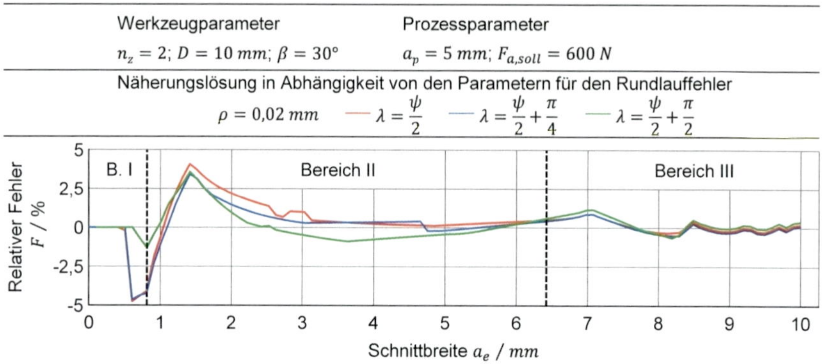

Bild 5.15: Relativer Fehler bezogen auf das Aktivkraftmaximum bei Korrektur des Rundlauffehlers

Relative error relating to the maximum active force for correction of cutter run out error

5.2.2 Prozessspezifische Ermittlung der Referenztrajektorie

Zur prädiktiven Regelung der Prozesskraft ist der MPR eine Referenztrajektorie für die Vorschubgeschwindigkeit über die Länge des Prädiktionshorizontes vorzugeben. Die Referenztrajektorie wird aus dem positionsbezogenen Sollwertverlauf ermittelt und muss für die zeitdiskrete Abtastregelung ebenfalls zeitdiskret und synchron zur Abtastung vorliegen. Durch die positionsgekoppelte Synchronisierung mit der a-priori durchgeführten Durchdringungsrechnung stehen während der Fräsbearbeitung zu jedem Zeitpunkt die aktuellen Eingriffsgrößen zur Verfügung. Die zukünftigen Eingriffsgrößen liegen positionsbezogen im Abstand der in der Simulation berechneten Stützstellen vor. Mit den im vorigen Abschnitt beschriebenen Methoden wird aus den positionsbezogenen Eingriffsgrößen der positionsbezogene Geschwindigkeitssollwertverlauf berechnet.

Für einen optimalen Regelgrößenverlauf ist der MPR eine zeitinvariante Referenztrajektorie vorzugeben, welche mit jedem Abtastschritt lediglich um einen Wert verschoben wird. Die Regelung stellt dabei sicher, dass die vorgegebenen Grenzen und Beschränkungen eingehalten werden.

Grundsätzlich ergibt sich durch die zusätzlichen Nebenbedingungen ein Verlauf der Regelgröße, welcher immer kleiner oder gleich der zeitlichen Sollwertvorgabe ist. Wird der Regelung eine Referenztrajektorie vorgegeben, die nicht ohne das Auftreten einer Regeldifferenz umgesetzt werden kann, resultiert durch den integralen Zusammenhang zwischen positionsabhängiger und zeitabhängiger Sollwertvorgabe immer eine Verzögerung im Wegbereich, Bild 5.16. Im günstigsten Fall resultiert dadurch lediglich ein Zeitverlust, im ungünstigen Fall ist die Sollwertvorgabe fehlerhaft und wird überschritten.

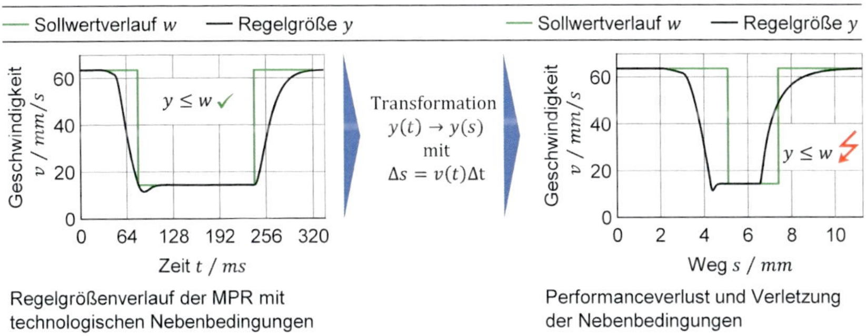

Bild 5.16: Fehlerhafte Sollwertvorgabe durch Abweichung von der Referenztrajektorie
Inaccurate set point through deviation from reference trajectory

Im Folgenden wird ermittelt, wie eine zeitabhängige Referenztrajektorie aus dem positionsabhängigen Sollwertverlauf bestimmt werden kann. Dabei ist insbesondere die Einhaltung der technologischen Nebenbedingungen und Anforderungen zu berücksichtigen.

Wird zur Ermittlung der Referenztrajektorie die aktuelle Vorschubgeschwindigkeit als konstant für die Länge des Prädiktionshorizontes angenommen, so ist die Ausregelung einer Sollwertveränderung nach unten immer möglich, wenn die Länge des Prädiktionshorizontes mindestens das dynamische Ausgleichsverhalten der Regelstrecke umfasst. Da sich die Geschwindigkeit jedoch bereits innerhalb des Prädiktionshorizontes verändert, neigt das Verfahren zu Oszillationen, wenn eine Sollwertveränderung am Ende des Prädiktionshorizontes aufgrund einer geringeren Geschwindigkeit im folgenden Abtastschritt wieder aus dem Prädiktionshorizont herausrückt, Bild 5.17. Sollwertveränderungen in positiver Richtung sind hiervon nicht betroffen, werden jedoch durch den zunächst geringen Weghorizont verzögert. Weiterhin können Bereiche kleineren Sollwertes durch die Diskretisierung übersehen werden, Bild 5.17 Detail A.

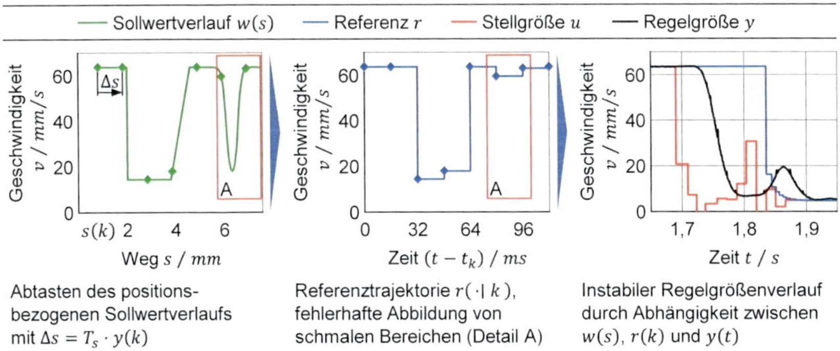

Bild 5.17: Ermittlung der Referenztrajektorie mit aktueller Geschwindigkeit
Determination of reference trajectory with current velocity

Anstatt die aktuelle Geschwindigkeit für die Bestimmung der zukünftigen Bahnpunkte als konstant anzunehmen, werden zukünftige Sollwertänderungen durch eine stückweise Transformation des wegabhängigen Sollwertverlaufs in einen zeitabhängigen Sollwertverlauf einbezogen, Bild 5.18. Hierfür wird die Geschwindigkeit abschnittweise linear bzw. trapezförmig angenommen und die zum Weginkrement Δs zugehörige Zeitdifferenz Δt berechnet. Eine Aufsummierung der Zeitdifferenzen liefert den Zeitvektor zu den vorhandenen diskreten Geschwindigkeitssollwerten. Zur Bestimmung der Referenztrajektorie wird der zeitabhängige Sollwertverlauf mit der Abtastzeit T_s des Reglers abgetastet. Die Neigung zum Auftreten von Oszillationen ist bei diesem Verfahren ebenfalls gegeben. Durch die Transformation in den Zeitbereich ist die Referenztrajektorie jedoch nicht direkt von der aktuellen Geschwindigkeit abhängig.

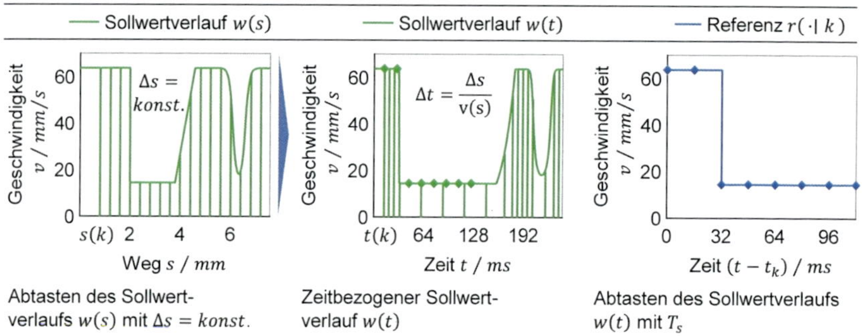

Bild 5.18: Transformation der Sollwertvorgabe in den Zeitbereich

Transformation of reference to time domain

Unabhängig von der für die Bestimmung der Referenztrajektorie angenommenen Geschwindigkeiten ergibt sich in beiden Fällen bei einem Sollwertsprung nach unten ein Regelgrößenverlauf, welcher die Sollwertvorgabe überschreitet bzw. welcher zwar die Nebenbedingungen einhält, jedoch deutlich unterhalb der Sollwertvorgabe liegt. Insbesondere bei der Transformation in den Zeitbereich mit anschließender Interpolation treten in Bereichen mit signifikanter negativer Steigung Verletzungen der Beschränkungen im Zeitbereich auf, welche im Wegbereich nicht vorhanden sind.

Die beschriebenen Schwierigkeiten können umgangen werden, wenn es gelingt, eine Referenztrajektorie so vorzugeben, dass der Verlauf der Regelgröße hinreichend genau der vorgegebenen Referenztrajektorie entspricht. Dieser Forderung kann durch Implementierung eines Vorfilters zur Filterung der Sollwertvorgabe entsprochen werden. Das Übertragungsverhalten des Filters muss dazu dem Übertragungsverhalten der Regelstrecke entsprechen, welches in Kapitel 4 als Verzögerungsglied zweiter Ordnung identifiziert wurde. Werden für das Filter die identifizierten Zeitkonstanten der Regelstrecke benutzt, so wird die MPR in ihrer Leistungsfähigkeit begrenzt, da diese durch die Berechnung einer optimalen Stellgrößenfolge ein schnelleres Ausgleichsverhalten erreichen kann. Um das schnellere Ausgleichsverhalten durch die MPR dennoch ausnutzen zu können, werden die Zeitkonstanten des Filters reduziert. Je nach Wahl der Horizonte ist die gefilterte Sollwertvorgabe von der MPR unter Umständen nicht umzusetzen, da der Sollwertverlauf nur unter Verletzen der Stell- bzw. Ausgangsgrößenbeschränkung erreichbar ist.

Wird die Referenztrajektorie durch Filterung des zeitlichen Sollwertverlaufs ermittelt, so entsteht eine optimale Referenztrajektorie, welche mit jedem Abtastschritt lediglich um ein Element verschoben wird. Der zeitliche Verlauf der Regelgröße wird von der Regelung optimal umgesetzt. Für die Umsetzung einer bauteilbezogenen Sollwertvorgabe beim Fräsen eignet sich diese Methode jedoch nicht, da durch die Filterung des zeitlichen Sollwertverlaufs eine fehlerhafte positionsbezogene Sollwertvorgabe resultiert. Aus diesem Grund ist die Filterung nicht auf den in den Zeitbereich transformierten Sollwertverlauf, sondern direkt auf den positionsbezogenen Sollwertverlauf anzuwenden. Erfolgt durch die Filterung ein Überschreiten der Sollwertvorgabe, z. B. bei fallendem Sollwertverlauf, ist diese vor der Transformation in den Zeitbereich auszugleichen.

Entwicklung eines Filters zur Ermittlung der Referenztrajektorie

Entsprechend den vorigen Überlegungen soll das zu entwickelnde Filter im Zeitbereich ein PT_2-Verhalten aufweisen. Wird ein Referenzsignal im Zeitbereich gefiltert und in den Wegbereich transformiert, können die Filterkoeffizienten für ein digitales Filter durch numerische Näherungsverfahren ermittelt werden. Das so bestimmte Filter ist jedoch nur in engen Bereichen anwendbar, da das wegbezogene Ausgleichsverhalten vom absoluten Wert der Geschwindigkeit abhängt.

Daher wird im Folgenden ein nichtlineares Filter unter Einbeziehung des Zeit-Weg-Verhaltens entwickelt. Ausgangspunkt ist das Übertragungsverhalten für ein PT_2-Glied mit einer Dämpfung von $D \geq 1$ im Zeitbereich, welches durch die Differentialgleichung

$$T_1 T_2 \ddot{y} + (T_1 + T_2)\dot{y} + y = Ku \tag{5.23}$$

mit: T_1, T_2: Zeitkonstanten
y: Ausgangsgröße
K: Proportionalverstärkung
u: Eingangsgröße

gegeben ist, [ABEL06]. Wird eine Verstärkung von $K = 1$ gefordert und gleiche Zeitkonstanten entsprechend der Identifikation in Kapitel 4 angenommen, ergibt sich die Differentialgleichung zu

$$T^2 \ddot{y} + 2T\dot{y} + y = u\,. \qquad \text{mit: } T = T_1 = T_2 \tag{5.24}$$

Die Geschwindigkeit y ist im vorliegenden Fall nicht nur von der Zeit, sondern ebenfalls von der Position abhängig, $y(s(t))$. Durch Anwendung der Kettenregel ergibt sich aus der Differentialgleichung

$$T^2 \frac{d}{dt}\left(\frac{dy}{ds}\frac{ds}{dt}\right) + 2T\frac{dy}{ds}\frac{ds}{dt} + y = u\,. \tag{5.25}$$

Nach Umformung und unter Berücksichtigung der zeitlichen Ableitung des Weges

$$\frac{ds}{dt} = y \tag{5.26}$$

resultiert die Differentialgleichung für das Filter zu

$$T^2\left(\frac{d^2y}{ds^2}y^2 + \left(\frac{dy}{ds}\right)^2 y\right) + 2T\frac{dy}{ds}y + y = u\,. \tag{5.27}$$

Werden die Ableitungen durch Differenzenquotienten angenähert, ergibt sich eine Funktion dritten Grades in y_k zu

$$y_k^3\frac{2T^2}{\Delta s^2} + y_k^2\left(y_{k-2}\frac{T^2}{\Delta s^2} - 4y_{k-1}\frac{4T^2}{\Delta s^2} + \frac{2T}{\Delta s}\right) \qquad \text{mit: } y_k\text{: } y(k) \tag{5.28}$$

$$+y_k\left(y_{k-1}\left(\frac{T^2}{\Delta s^2} - \frac{2T}{\Delta s}\right) + 1\right) - u_k = 0\,.$$

Der Ausgangswert y_k des Filters stellt eine Lösung dieser Gleichung dar und wird numerisch mithilfe des Newton-Verfahrens ermittelt.

Zur Validierung des Filters wird ein wegbezogenes Sollwertsignal w mit mehreren sprungförmigen Übergängen definiert und mit dem nichtlinearen Filter im Wegbereich gefiltert. Zum Vergleich wurde das Referenzsignal in den Zeitbereich transformiert und mit einem PT_2-Filter gefiltert. Das Ergebnis wurde zurück in den Wegbereich transformiert. Die resultierenden Verschiebungen wurden zur besseren Darstellung ausgeglichen. Das mit dem entwickelten, nichtlinearen Filter erzeugte Referenzsignal zeigt eine sehr gute Übereinstimmung mit dem im zeitlichen gefilterten Signal, Bild 5.19.

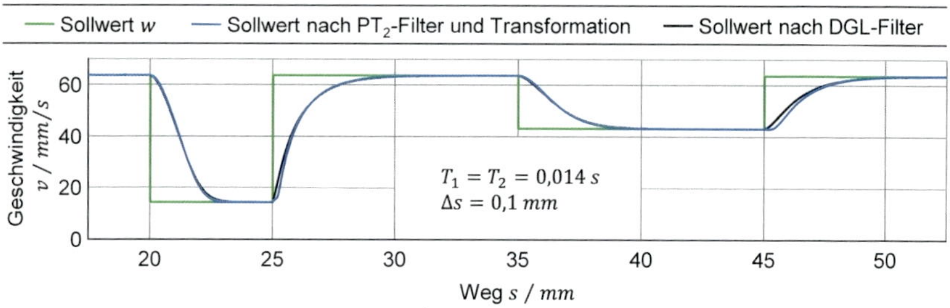

Bild 5.19: Vergleich Verzögerungsglied zweiter Ordnung mit nichtlinearem Filter
Comparison between second order delay element and non-linear filter

Zur Validierung am Bearbeitungszentrum wurde ein sprungförmiges Referenzsignal mit dem entwickelten Filter gefiltert. Um die Leistungsfähigkeit der MPR auszunutzen, wurden die Zeitkonstanten des Filters zu 50 % der Zeitkonstanten des PT_2-Modells der Maschine gewählt. Durch die Gewichtung des Stellaufwandes in der

MPR weicht der gemessene Geschwindigkeitsverlauf leicht von der vorgegebenen Referenz ab, überschreitet diese jedoch zu keiner Zeit, Bild 5.20 a). Das Ziel der Filterung der positionsbezogenen Sollwertvorgabe ist es, eine prozessspezifische Sollwertvorgabe zu erzeugen, die im Zeitbereich von der Regelung mit geringer Abweichung umgesetzt werden kann. Daraus resultiert während der Regelung eine zeitinvariante Referenztrajektorie, welche mit jedem Schritt um ein Element verschoben wird, Bild 5.20 b).

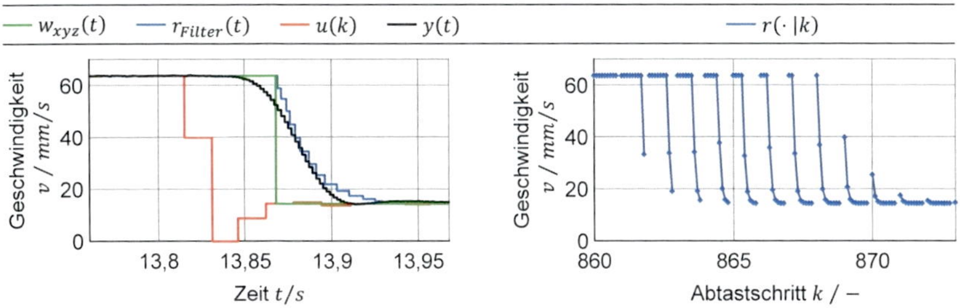

a) Stell- und Regelgrößenverlauf b) Zeitinvariante Referenztrajektorie

Bild 5.20: Verlauf von Vorschubgeschwindigkeit und Referenztrajektorie
Course of feed velocity and reference trajectory

Durch die Filterung wird die technologische Anforderung an die Regelung, den Sollwertverlauf nicht zu überschreiten, in Bereichen mit fallendem Eingangssignal durch die Verzögerung des Signals verletzt. In diesem Bereich wäre eine Rückwärtsverschiebung des Ausgangssignals erforderlich, sodass dieses stets unterhalb des Eingangssignals liegt und damit den optimalen Sollwertverlauf bildet. Für Signalverläufe wie in Bild 5.20 kann diese Verschiebung über einen einfachen Algorithmus durchgeführt werden.

Bei beliebigen Signalformen können die durch das Filter entstehenden Verzögerungen durch einen nicht kausalen Zero-Phase-Filter ausgeglichen werden. Dazu wird das Signal zunächst vorwärts und das resultierende Ergebnis anschließend rückwärts gefiltert. Der durch die erste Filterung entstandene Zeitversatz wird dadurch weitestgehend ausgeglichen. Angewendet auf ein rechteckiges Sollwertsignal überschreitet das Ausgangssignal nach der Zero-Phase-Filterung dennoch das Eingangssignal in Bereichen mit signifikanter Steigung, Bild 5.21. Insbesondere wird durch die Zero-Phase-Filterung jedoch die Signalform derart verändert, dass sich nach der Transformation in den Zeitbereich eine deutliche Abweichung vom geforderten PT_2-Übertragungsverhalten ergibt.

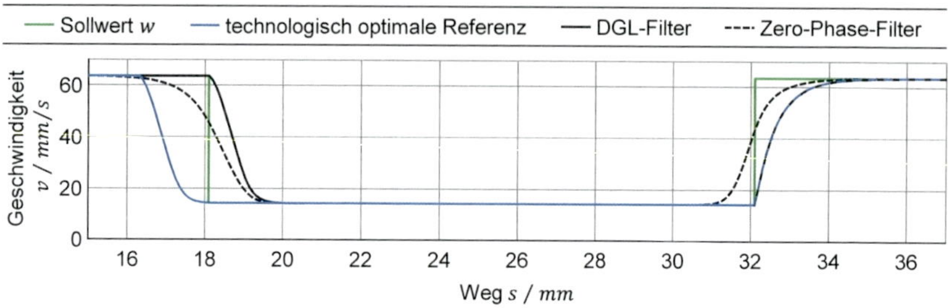

Bild 5.21: Ermittlung einer optimalen Referenztrajektorie
Determination of an optimal reference trajectory

Zur Reduktion der unerwünschten Abweichung im Signalverlauf wird für die Rückwärts-Filterung ein angepasstes Filter entwickelt. Das Filter wird so ausgelegt, dass sich bei der Filterung des Signals ein zeitlich invertiertes PT_2-Verhalten einstellt. Mathematisch wird diese Charakteristik durch eine Spiegelung der Impulsantwort an der Ordinate und Verschiebung auf die positive Abszisse beschrieben.

Entgegen der Zero-Phase-Filterung wird die Rückwärts-Filterung nicht mit dem vorwärts gefilterten Signal, sondern mit dem Ausgangssignal durchgeführt, da sich andernfalls wieder eine ungewünschte Veränderung im Signalverlauf ergeben würde. Das Ausgangssignal wird als Minimum der gefilterten Signale und des Eingangssignals bestimmt, Bild 5.22. Hierdurch ergibt sich unter Umständen ein Signalverlauf, welcher nicht ohne Regelabweichung umgesetzt werden kann, es bleibt jedoch sichergestellt, dass das Ausgangssignal das Eingangssignal nicht überschreitet.

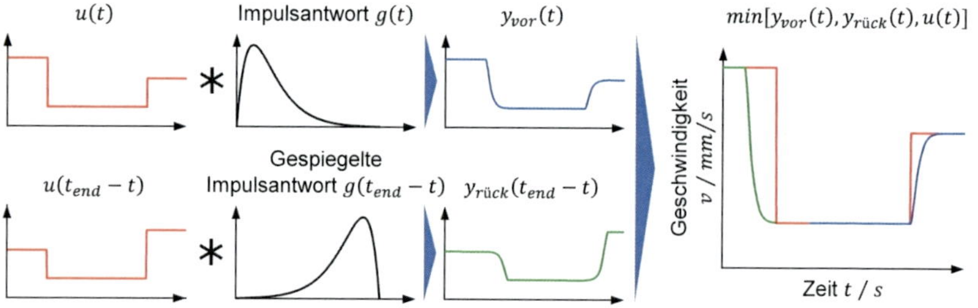

Bild 5.22: Filterung im Zeitbereich mit gespiegelter Impulsantwort
Time-based filter with flipped impulse response

Die beschriebene Filterung mit der gespiegelten Impulsantwort lässt sich nur auf Signale im Zeitbereich anwenden. Zur Filterung des wegbezogenen Sollwertverlaufs wird daher ein Algorithmus entwickelt, welcher die durch die Transformation zwischen Weg- und Zeitbereich entstehenden Verzögerungen berücksichtigt.

Durch die Spiegelung der Impulsantwort wird diese in ihrer Charakteristik so verändert, dass sich kein Verzögerungsglied höherer Ordnung finden lässt, mit dem eine näherungsweise Beschreibung möglich ist. Daher ist die direkte Entwicklung des Filters aus der Übertragungsfunktion, wie zuvor für die Vorwärts-Filterung, nicht möglich. Das Auffinden einer beliebigen DGL mit dem geforderten Übertragungsverhalten ist mathematisch nicht trivial und wird daher nicht weiter verfolgt. Eine Berechnung der Faltung im Wegbereich mit der gespiegelten Impulsantwort ist ebenfalls nicht ohne Weiteres möglich, da die Impulsantwort im Wegbereich $g(s/mm)$ von der vorliegenden absoluten Geschwindigkeit abhängt. Die Filterung mit der vorgegebenen Impulsantwort ist dennoch durch ein FIR-Filter umzusetzen. Hierfür wird der Eingangswert des Filters in jedem Abtastschritt in Abhängigkeit von den bisherigen Ausgangswerten bestimmt. Der folgende Eingangswert ergibt sich aus einer Interpolation des bereits zurückgelegten Weges, als Integral unter den Ausgangswerten und dem wegbezogenen Geschwindigkeits-Sollwertverlauf, Bild 5.23.

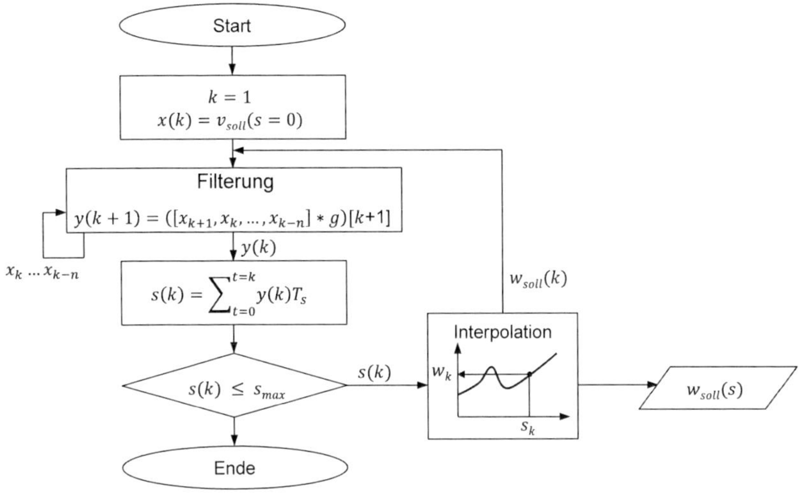

Bild 5.23: Schema des iterativen Filters
Algorithm of iterative filter

Die beschriebene iterative Filterung kann mit beliebigen FIR-Filtercharakteristiken durchgeführt werden. Zur Gewährleistung einer hinreichenden Genauigkeit wird eine Abtastzeit von 1 ms gewählt, wodurch sich eine höhere Anzahl an Abtastschritten im Vergleich zum DGL-basierten Filter ergibt. Durch die zeitaufwendige Interpolation in jedem Abtastschritt werden das DGL-basierte-Filter für die Vorwärts-Filterung und das iterative Filter für die Rückwärts-Filterung eingesetzt.

5.3 Validierung des entwickelten Reglers

Zur Validierung des Reglers wurde dieser am Bearbeitungszentrum Hüller Hille Specht erprobt. Die erforderliche Software ist in NI LabVIEW realisiert und wird in Kapitel 6.1.2 detailliert beschrieben.

5.3.1 Validierung am BAZ mit prozessspezifischer Referenztrajektorie

Für die Validierung wurde ein sprungförmiges Referenzsignal als Sollwertvorgabe genutzt, welches über der Position vorgegeben wurde. Die Referenztrajektorie wurde in jedem Abtastschritt mit der beschriebenen Methode zur Filterung ermittelt und an die MPR übergeben. Die Zeitkonstanten der Filter wurden zu 50 % der Zeitkonstanten der Regelstrecke gewählt. Den zeitlichen Ablauf innerhalb eines Abtastschrittes zeigt Bild 5.24.

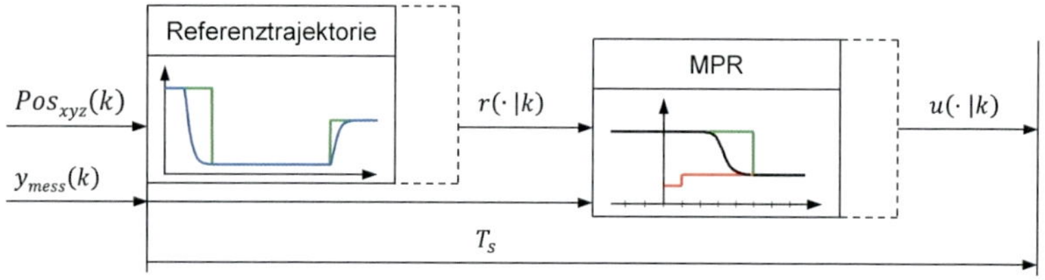

Bild 5.24: Zeitlicher Ablauf für einen Abtastschritt

Time flow for one control step

Über der Zeit ergibt sich ein Verlauf der Regelgröße, welcher die geforderten Eigenschaften aufweist, Bild 5.25. Die Differenz zwischen Referenztrajektorie und Regelgröße resultiert zum einen aus den vorgegebenen Beschränkungen für die Regelgröße. Zum anderen entsteht durch die im Vergleich zur Regelstrecke schnellere Dynamik der Filter eine Abweichung, die durch die Gewichtung des Stellaufwandes nicht kompensiert werden kann. Zudem verhindert die aktive Stellgrößenbeschränkung bei 63 mm/s einen schnelleren Anstieg der Regelgröße im hinteren Signalverlauf.

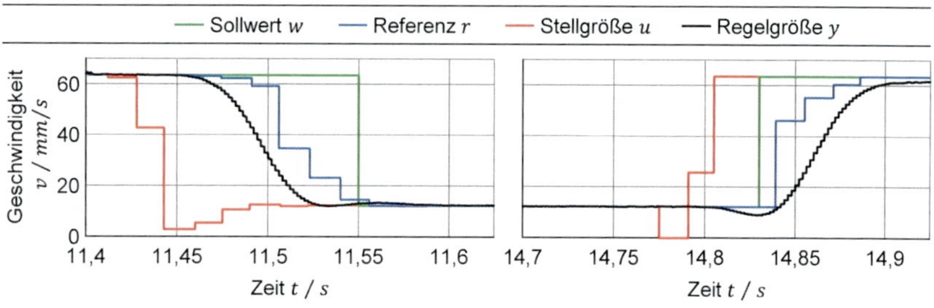

Bild 5.25: Zeitabhängiger Regelgrößenverlauf bei Filterung der Sollwertvorgabe

Time-based course of controlled variable with filtered set point signal

Da sich die Sollwertvorgabe auf die Position des TCP bezieht, werden die gemessenen Größen ebenfalls über der Position aufgetragen, Bild 5.26. Auch hier zeigt sich lediglich eine geringe Abweichung von der vorgegebenen Referenztrajektorie, welche auf die oben genannten Gründe zurückzuführen ist. Die Forderungen an die Regelung werden jedoch vollständig erfüllt.

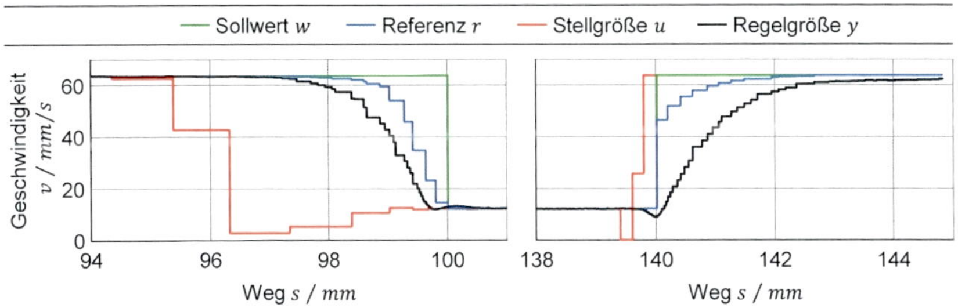

Bild 5.26: Positionsbezogener Regelgrößenverlauf bei Filterung der Sollwertvorgabe

Position-based course of controlled variable with filtered set point signal

5.4 Zusammenfassung

Im vorliegenden Kapitel wurde eine prozessspezifische Auslegung für einen modellbasierten prädiktiven Regler für den Fräsprozess durchgeführt. Dazu wurden zunächst die Randbedingungen ermittelt und das übergeordnete Optimierungsproblem definiert. Durch die Aufteilung der Regelstrecke in Maschinen- und Prozessübertragungsverhalten und das verzögerungsfreie Übertragungsverhalten des Fräsprozesses wurde die Vorschubgeschwindigkeit als Regelgröße für den modellprädiktiven Regler festgelegt.

Aus technologischer Sicht ist für die Regelung ein aperiodischer Regelgrößenverlauf ohne Überschwingen und Überschreiten der Sollwertvorgabe anzustreben, um den Werkzeugschutz zu gewährleisten. Zur Reduktion der Hauptzeit ist eine möglichst hohe Vorschubgeschwindigkeit zu wählen. In einer ersten Simulation des geschlossenen Regelkreises wurde deutlich, dass die Anforderung an die Regelung, die Sollwertvorgabe nicht zu überschreiten, nicht erfüllt wird. Daher wurden zusätzlich zu den Nebenbedingungen für die Stellgröße weitere Nebenbedingungen für die Ausgangsgröße festgelegt. Der resultierende Regelgrößenverlauf zeigte Nachteile in Bezug auf die Forderung nach minimaler Fertigungszeit. Durch die Entwicklung einer prozessspezifischen Kostenfunktion, welche neben einer minimalen Abweichung zur Referenztrajektorie die Maximierung des im Prädiktionshorizont zurückgelegten Weges zum Ziel hat, wurde eine deutliche Reduktion sowohl der quadratischen als auch der Betragsregelfläche erreicht.

Durch das verzögerungsfreie Übertragungsverhalten des Prozesses besteht die Aufgabe der MPR in der Umsetzung einer Referenztrajektorie für die Vorschubgeschwindigkeit. Für die Berechnung der Referenztrajektorie ist zunächst der technologische Sollwertverlauf zu ermitteln. Hierfür wurde eine Methode entwickelt, um die Eingriffsgrößen während des Prozesses entlang der Bahn zu bestimmen. In Verbindung mit dem Sollwert der Aktivkraft wird durch Invertierung des Prozesskraftmodells die positionsbasierte Referenztrajektorie für den Regler ermittelt. Die Berücksichtigung des Rundlauffehlers bei der Berechnung der Inversen verhindert eine analytische Lösung, sodass eine Näherungslösung entwickelt wurde.

Aufgrund der positionsbasierten Kopplung der a-priori ermittelten Eingriffsgrößen an den realen Fertigungsprozess liegt die mit dem inversen Prozesskraftmodell ermittelte Sollwertvorgabe ebenfalls über der Position vor. Aufgrund der festen Abtastzeit des Reglers wurde eine Methode entwickelt, um die positionsbezogene Sollwertvorgabe in eine zeitabhängige Referenztrajektorie zu überführen. Durch den integralen Zusammenhang zwischen Geschwindigkeit und Position resultiert aus einer Abweichung zur Referenztrajektorie im zeitlichen eine fehlerhafte Sollwertvorgabe entlang des Werkzeugwegs. Daher wurde ein nichtlineares Filter aus der Differentialgleichung eines Verzögerungsgliedes zweiter Ordnung zur Filterung des wegbezogenen Sollwertverlaufs entwickelt. Die Validierung am Bearbeitungszentrum zeigte, dass durch die Filterung eine zeitinvariante Referenztrajektorie entsteht, welche mit sehr geringen Abweichungen umgesetzt wurde. In Kapitel 5.1 wurden Nebenbedingungen für die Ausgangsgröße im Optimierungsproblem definiert, sodass eine Überschreitung des Sollwertes sicher verhindert wird. Um diese Forderung auch bei der Ermittlung der Referenztrajektorie zu berücksichtigen, wurde ein zweites Filter mit zeitlich invertierter Impulsantwort entwickelt. Bei der Validierung am Bearbeitungszentrum konnte gezeigt werden, dass der entwickelte Regler die gestellten Anforderungen erfüllt und in der Lage ist, die vorgegebene Referenztrajektorie hinreichend genau umzusetzen.

6 Entwicklung modellbasierter prädiktiver Regelungssysteme

Development of Model-Based Predictive Control Systems

Ziel dieses Kapitels ist die Implementierung und Erprobung modellbasierter prädiktiver Regelungssysteme. Dazu werden die in Kapitel 4 entwickelten Methoden zur Regelstreckenidentifikation und die in Kapitel 5 entwickelte Reglerauslegung zusammengeführt und an einem Bearbeitungszentrum validiert. Hierfür werden zunächst einzelne Testszenarien überprüft, anschließend erfolgt die Validierung an repräsentativen Bauteilen.

6.1 Entwicklung eines prädiktiven Regelungssystems ohne Adaption des Prozessübertragungsverhaltens

Zunächst wird das Verhalten des Regelungssystems ohne das in Kapitel 4 entwickelte Verfahren zur Identifikation des Prozessübertragungsverhaltens untersucht. Bezogen auf die Prozesskraft als Regelgröße handelt es sich um eine modellbasierte prädiktive Steuerung. Das in Kapitel 4 beschriebene Prozesskraftmodell wird zur Berechnung der Referenztrajektorie genutzt, über der Laufzeit jedoch als statisch angenommen.

6.1.1 Blockschaltbild des Regelungssystems

Das Blockschaltbild der Regelung besteht aus den in Kapitel 4 und 5 im Detail beschriebenen Systemen, Bild 6.1. In Abhängigkeit von der Position des TCP werden durch Synchronisierung mit der Durchdringungsrechnung die zukünftigen Eingriffsgrößen ermittelt, vgl. Kapitel 5.2.1. Hieraus wird zunächst der Sollwertverlauf der Vorschubgeschwindigkeit zum Erreichen des vorgegebenen Maximalkraftwertes ermittelt. Auf Basis dieses Sollwertverlaufs wird durch die in Kapitel 5 entwickelte Filterung die Referenztrajektorie bestimmt. Der modellbasierte prädiktive Regler berechnet aus der Referenztrajektorie die Stellgröße, welche auf das Bearbeitungszentrum geschaltet wird. Der Zustandsvektor des Reglers wird durch Rückführung der gemessenen Geschwindigkeit über das Kalman-Filter angepasst. Aus der realen Vorschubgeschwindigkeit am TCP resultiert mit dem Prozessübertragungsverhalten die Prozesskraft am Ausgang der Regelstrecke.

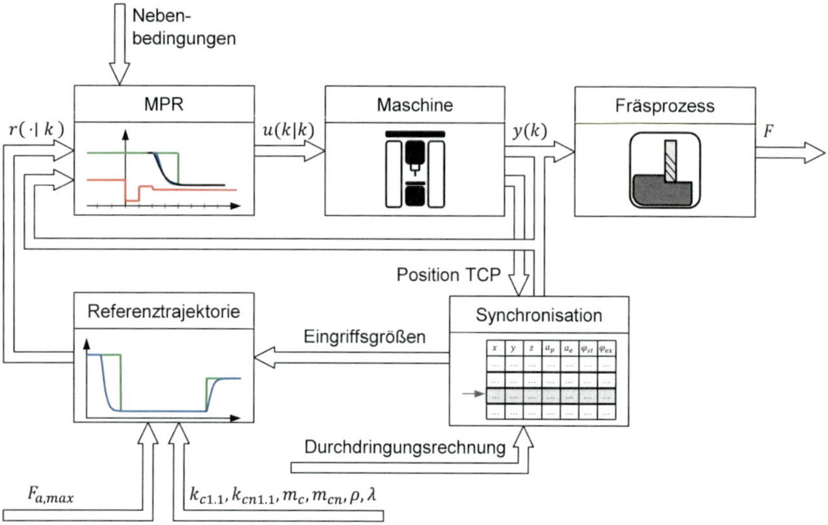

Bild 6.1: Blockschaltbild des modellbasierten prädiktiven Regelungssystems

Block diagram of model-based predictive control system

6.1.2 Implementierung des Systems

Für die Datenerfassung und -ausgabe wird eine Messkarte vom Typ NI X6363 PCIe verwendet, daher erfolgt die Implementierung des Regelungssystems in NI LabVIEW. Nach einer Initialisierung, in welcher die Daten aus der Durchdringungsrechnung aus einer Datei eingelesen werden, werden mehrere parallele while-Schleifen unterschiedlicher Priorität und Abtastzeit gestartet. Neben der eigentlichen Datenerfassung werden Schleifen für den modellbasierten prädiktiven Regler, für die Datenspeicherung, für die Berechnung der Vorschubgeschwindigkeitssollwerte und für die Synchronisierung mit der Simulation implementiert, Bild 6.2.

Da eine Datenerfassung mit unterschiedlichen Abtastraten bei der eingesetzten Messkarte nicht möglich ist, werden alle analogen Signale mit der für die Kraftmessung erforderlichen hohen Abtastrate von 10 kHz abgetastet. Die erfassten Daten werden paketweise über die PCIe-Schnittstelle an die Anwendersoftware übertragen. Dabei führt eine zu große Paketgröße zum Überlaufen des Hardwarespeichers, eine zu kleine Paketgröße ist unter Umständen nicht zeitgerecht durch das Betriebssystem zu übertragen. Das Kalman-Filter leistet innerhalb der Regelung den Abgleich zwischen Regelstreckenmodell und realem Streckenverhalten. Hierfür ist der Regelung in jedem Abtastschritt der aktuelle Geschwindigkeitsmesswert zu übergeben. Um eine zusätzliche Totzeit zu vermeiden, wird die Paketgröße so festgelegt, dass sich eine Übertragungsrate zwischen Anwendersoftware und Datenerfassungskarte von 1 kHz ergibt. Da die hohe Datenrate von 10 kHz lediglich für die Erfassung der Kraftmesswerte erforderlich ist, werden die erfassten Messwerte in zwei getrennten Ringspeichern zwischengespeichert.

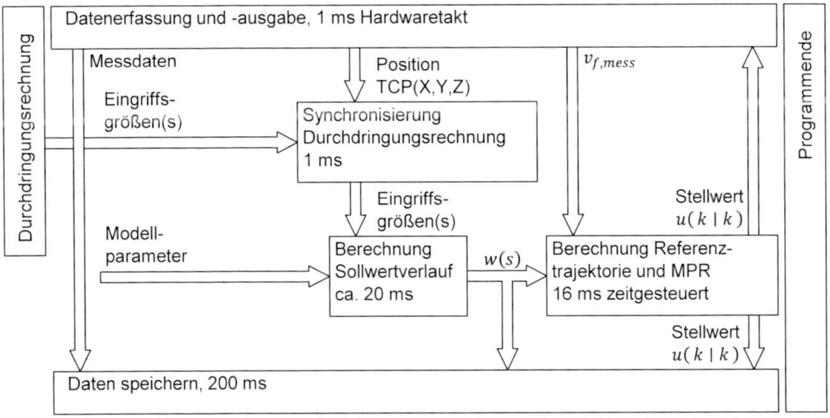

Bild 6.2: Implementierung in LabVIEW

Software implementation in LabVIEW

Die Positionsmesswerte werden synchron mit den analogen Messwerten von der Datenerfassungskarte ebenfalls im Ringspeicher abgelegt. Parallel zur Messdatenerfassung erfolgt die Synchronisierung der Positionsdaten mit der Durchdringungsrechnung bei einer Abtastrate von 1 kHz.

Die modellbasierte prädiktive Regelung ist in der Programmierumgebung Matlab realisiert. Zur Einbindung von Matlab-Code bietet LabVIEW mehrere Möglichkeiten. Im vorliegenden Fall wurde der Matlab-Knoten verwendet, welcher eine Online-Verarbeitung in einer parallelen Matlab-Umgebung erlaubt. Der Datenaustausch zwischen Matlab und LabVIEW erfolgt über die ActiveX-Schnittstelle des Betriebssystems. Durch den Matlab Just-in-Time Compiler (JIT) wird der Programmcode bei guter Debugging-Funktionalität zeiteffizient umgesetzt. Um ein exaktes Timing der Regelung zu gewährleisten, wird der Matlab-Knoten in eine zeitgesteuerte Schleife hoher Priorität eingebunden. Dabei ist insbesondere zu beachten, dass die Erfassung der Messwerte und die Ausgabe der Stellgröße jeweils exakt zum gleichen Zeitpunkt bezogen auf den Schleifentakt erfolgen. Nach der Ausgabe und dem Abfragen der aktuellen Messwerte erfolgt zunächst die Berechnung der Referenztrajektorie und anschließend die Berechnung des Stellwertes für den nächsten Abtastschritt.

Ebenfalls in Matlab implementiert ist die Berechnung des inversen Prozesskraftmodells. Eine sequentielle Ermittlung der Sollwerte in der Regelungsschleife ist aufgrund der Laufzeit nicht möglich. Daher wird die Berechnung in einem Mathscript-Knoten durchgeführt, dessen Code der Matlab Syntax entspricht, jedoch von LabVIEW interpretiert wird. Zur Optimierung der Berechnungszeit wird die Berechnung jeweils in 4 Blöcke aufgeteilt und an eine parallele for-Schleife übergeben.

Zur Speicherung der erfassten Mess- und Positionsdaten, der berechneten Stellwerte sowie Zwischengrößen der Regelung, wie der Referenztrajektorie, werden die Daten im Ringspeicher zyklisch im TDMS-Format abgespeichert. Aufgrund der geringen Datenmenge ist eine Taktrate der Schleife von 5 Hz ausreichend.

6.1.3 Anpassung des NC-Codes

Die Synchronfunktion, welche im NC-Programm genutzt wird, um den analogen Eingang an der Steuerung auf den Vorschub-Override abzubilden, wirkt sich wie der manuelle Override sowohl auf den Arbeitsvorschub als auch auf den Eilvorschub aus. Um den Eilvorschub nicht zu beeinflussen, wird vor jedem Eilvorschubbefehl die Synchronfunktion angehalten und vor jedem Bearbeitungsbefehl die Synchronfunktion wieder aktiviert, Bild 6.3. Um eine einfache Integration in die CAD/CAM-Kette zu gewährleisten, wird der Postprozessor angepasst, sodass die notwendigen Befehle automatisch in den NC-Code integriert werden.

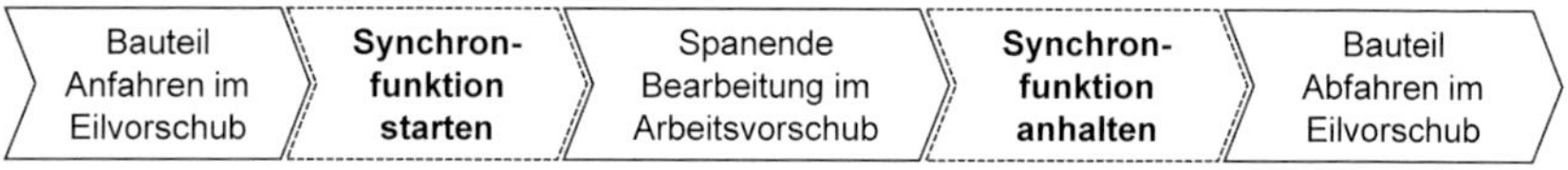

Bild 6.3: Anpassung des NC-Codes
Adaptation of NC-code

6.1.4 Bewertung der Regelgüte

Zur Untersuchung der Regelgüte des Systems wurden zunächst Testschnitte an einem quaderförmigen Aluminiumwerkstück durchgeführt. Um den Einfluss des Rundlauffehlers des Werkzeugs auszuschließen, wurde ein Werkzeug mit einer Schneide eingesetzt. Der Sollwert der Aktivkraft wurde zu $F_{a,soll} = 600\ N$ definiert.

An- und Abfahren des Werkstücks

Beim Gleichlauffräsen mit einer Eingriffsbreite von $a_e = 0{,}5 \cdot D_{WKZ}$ stellt sich für den geregelten Prozess bei der Einfahrt ins Bauteil nur ein geringfügiger Unterschied der gemessenen Prozesskraft zu einem Prozess mit konstanter Vorschubgeschwindigkeit ein. Dieses Verhalten resultiert aus der Tatsache, dass die maximale Spanungsdicke unmittelbar mit dem Eintritt ins Werkstück erreicht wird und damit auch die maximale Aktivkraft auftritt. Die resultierenden Eingriffswinkel zeigt Bild 6.4. Für den Austritt des Werkzeugs aus dem Werkstück ergibt sich ein deutlich unterschiedlicher Verlauf der Aktivkraft zwischen den beiden Prozessen, Bild 6.5.

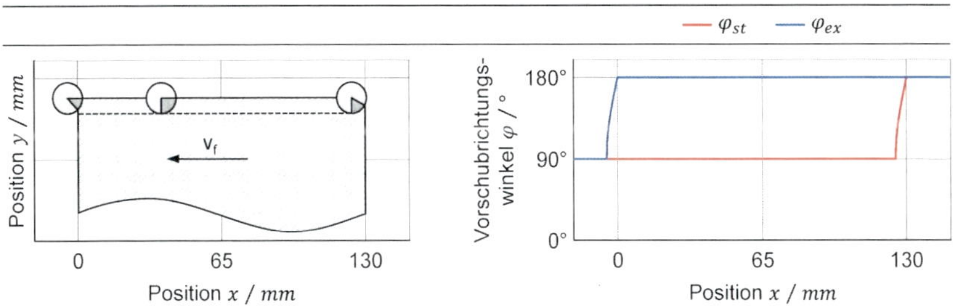

Bild 6.4: Werkzeugbahn und resultierende Eingriffsgrößen

Tool path and resulting engagement conditions

Beim geregelten Prozess wird die Vorschubgeschwindigkeit mit dem Anstieg des Eintrittswinkels bis zum Erreichen der oberen Grenze erhöht, um eine konstante Aktivkraft zu erzielen. Hierdurch wird im konkreten Fall die Zeit für den Austritt aus dem Werkstück von ca. 0,7 s auf ca. 0,4 s reduziert.

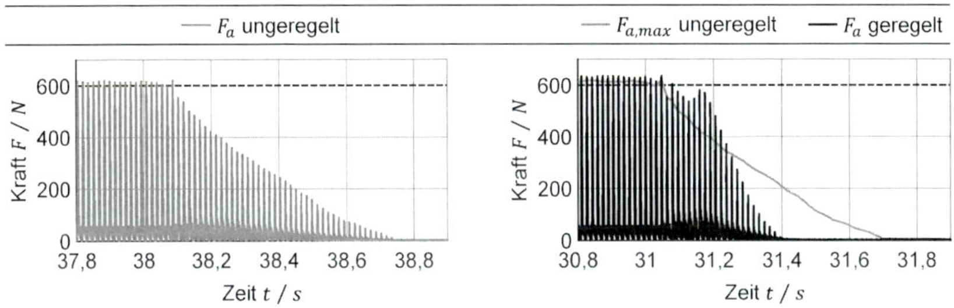

Bild 6.5: Vergleich zwischen ungeregeltem und geregeltem Kraftverlauf beim Austritt aus dem Werkstück

Comparison of active force exiting the work piece without and with control

Regelabweichung bei veränderlicher Eingriffsbreite

Zur Beurteilung der Regelgüte im Hinblick auf das genaue Erreichen des Aktivkraft-Sollwertes wurde die Schnittbreite linear von $a_e = D_{WKZ}$ auf $a_e = 0\ mm$ über der Bauteillänge reduziert. Nach dem Anschnitt steigt der Startwinkel kontinuierlich an, bis das Werkzeug am Ende des Bauteils mit einem Eingriffswinkel $\varphi_{st} = 180°$ austritt, Bild 6.6.

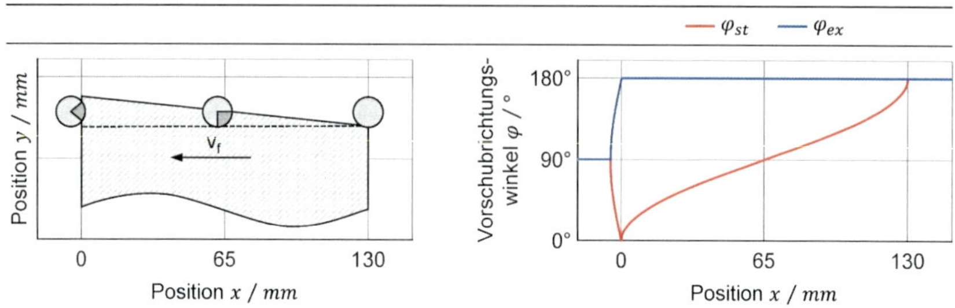

Bild 6.6: Werkzeugbahn und resultierende Eingriffsgrößen bei linear fallender Schnittbreite

Tool path and resulting engagement conditions for linear decreasing width of cut

Der Vergleich zwischen einem ungeregelten Prozess mit konstanter Vorschubgeschwindigkeit und der Prozesskraftregelung zeigt, dass ab einem Winkel von $\varphi_{st} = 73{,}5°$ die Vorschubgeschwindigkeit ansteigt, wodurch eine näherungsweise konstante Aktivkraft von $F_a \approx 600\ N$ resultiert, Bild 6.7. Die Abweichung zum Sollwert im vorderen Bereich wird durch den Modellfehler bedingt.

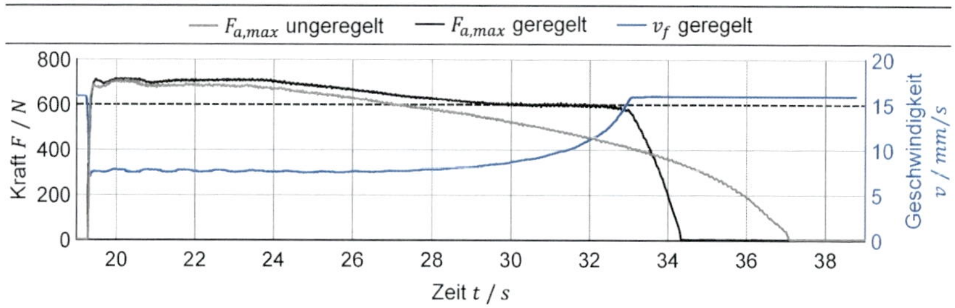

Bild 6.7: Vergleich zwischen ungeregeltem und geregeltem Prozesskraftverlauf

Comparison between uncontrolled and controlled active force

6.2 Entwicklung eines prädiktiven Regelungssystems mit kontinuierlicher Adaption des Prozessübertragungsverhaltens

Im vorigen Abschnitt konnte gezeigt werden, dass das Regelungssystem bereits mit statisch angenommenem Prozesskraftmodell einen deutlichen Vorteil gegenüber dem ungeregelten Prozess bietet. Dennoch ergeben sich Abweichungen der Regelgröße vom Sollwert, welche aus dem Modellfehler bzw. aus der Veränderung der Modellparameter während des Prozesses resultieren. Um diese Abweichungen zu reduzieren, wird im Folgenden die Identifikation des Prozessübertragungsverhaltens in den Regelkreis integriert. Dadurch wird der Regelkreis, mit der Prozesskraft als Regelgröße, geschlossen.

6.2.1 Integration der Prozessidentifikation

Für die Identifikation des Prozessübertragungsverhaltens sind der Verlauf der Prozesskraft, die Vorschubgeschwindigkeit sowie die Eingriffsgrößen erforderlich. Die ermittelten Modellparameter des Kraftmodells fließen in die Berechnung der Referenztrajektorie ein, Bild 6.8.

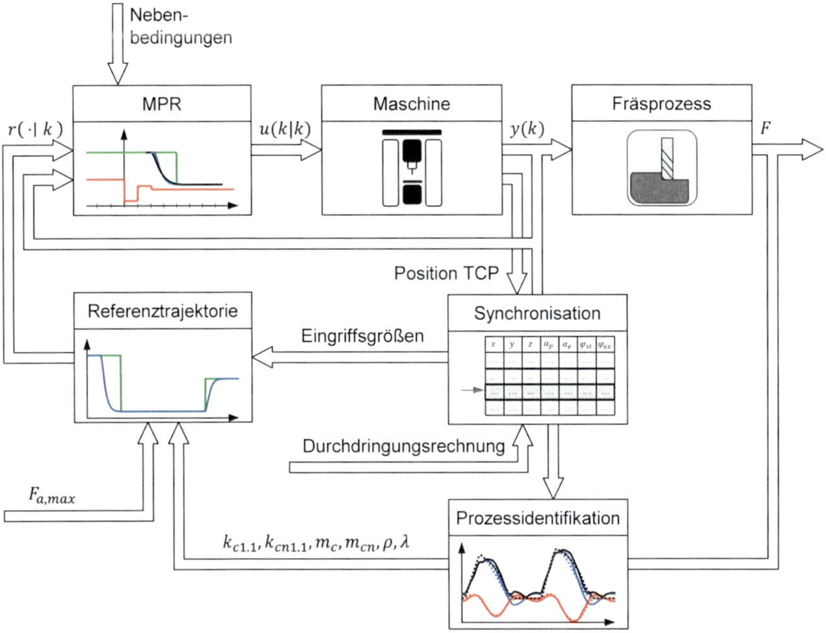

Bild 6.8: Erweitertes Blockschaltbild mit Identifikation des Prozessübertragungsverhaltens
Extended block diagram with identification of process transfer behaviour

Die Programmstruktur entspricht der aus dem vorigen Abschnitt 6.1.2 und wird lediglich um den Identifkationsalgorithmus ergänzt, Bild 6.9. Dieser ist ebenfalls in Matlab programmiert und wird als dynamische Bibliothek (DLL) in das Regelungssystem eingebunden.

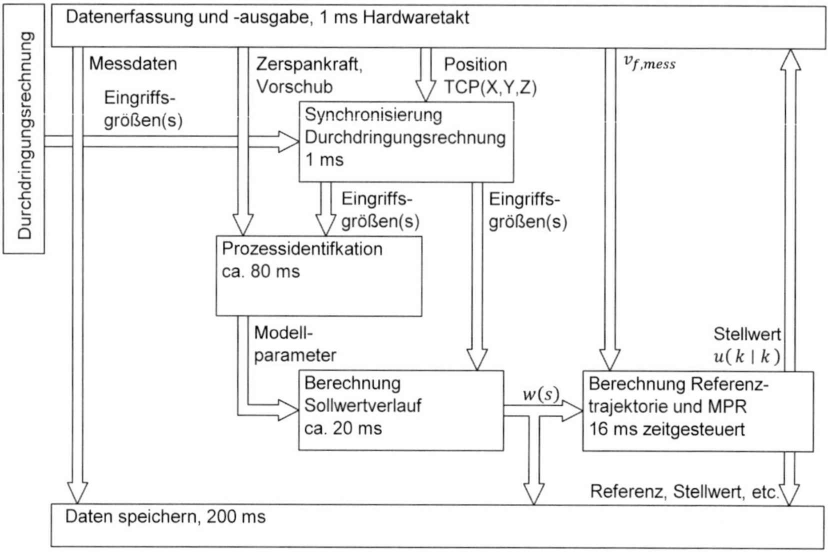

Bild 6.9: Erweiterung der LabVIEW Programmstruktur um die Prozessidentifikation, vgl. Bild 6.2

Extension of LabVIEW structure with process identification

Für die sichere Identifikation der Modellparameter ist ein Kraftverlauf über mindestens drei Werkzeugumdrehungen erforderlich, um mit der Kreuzkorrelation den simulierten Signalausschnitt über zwei Umdrehungen mit dem Messsignal zeitlich zu synchronisieren. Weiterhin werden die zugehörige Vorschubgeschwindigkeit sowie die ermittelten Eingriffsgrößen benötigt.

Der Messwert der Vorschubgeschwindigkeit wird durch vektorielle Addition in der NC-Einheit aus den einzelnen Vorschubgeschwindigkeiten der drei linearen Achsen ermittelt und über eine Synchronfunktion an den analogen Ausgang übertragen. Aufgrund des für die Regelung erforderlichen hohen Lageregel- und Interpolationstaktes ist dieser Messwert von einem hohen Rauschen überlagert. Darüber hinaus ergibt sich, je nach Vorschubrichtung, ein zusätzlicher Signaloffset. Dieser resultiert aus der Tatsache, dass in Regelung stehende Achsen einen Geschwindigkeitsverlauf symmetrisch um null aufweisen und damit einen positiven Beitrag bei der Berechnung der Vorschubgeschwindigkeit im Raum leisten. Unter Prozesslast steigen sowohl das Rauschen als auch der Signaloffset an. Eine Filterung der achsbezogenen Vorschubgeschwindigkeitssignale in der Steuerung zur Reduktion des Rauschens ist nicht zielführend, da die entstehende Signalverzögerung nicht ohne Weiteres im Kalman-Filter des Reglers berücksichtigt werden kann. Über eine Anpassung der Rauschterme des Kalman-Filters wird der Regler in die Lage versetzt, die aktuelle Vorschubgeschwindigkeit dennoch korrekt zu ermitteln. Aus diesem Grund wird der

Schätzwert der Vorschubgeschwindigkeit für die Identifikation des Prozessübertragungsverhaltens genutzt.

Die Ermittlung der Modellparameter setzt weiterhin voraus, dass über der Signallänge ein weitestgehend stationärer Zustand besteht. Neben konstanten Eingriffsgrößen ist daher eine konstante Vorschubgeschwindigkeit zur korrekten Identifikation erforderlich. Grundsätzlich resultiert innerhalb weniger Werkzeugumdrehungen eine konstante Vorschubgeschwindigkeit aus konstanten Eingriffsgrößen. Dennoch kann die Vorschubgeschwindigkeit z. B. bei der schnellen Änderung der Vorschubrichtung unter den geforderten Sollwert einbrechen. Die beschriebenen Voraussetzungen werden über eine definierte Obergrenze für die Standardabweichung der jeweiligen Größe eingehalten. Zur Ermittlung der Obergrenze wurde zunächst ein Testfall untersucht, an welchem der Verlauf der Standardabweichung über ein mitlaufendes Zeitfenster von vier Werkzeugumdrehungen ermittelt wurde. Es wurde angenommen, dass die tatsächliche Vorschubgeschwindigkeit dem Sollwert entspricht. Die Festlegung der Obergrenze soll in diesem Fall bewirken, dass in Bereichen mit starker Änderung der Eingriffsgrößen, wie z. B. im Anschnitt, keine Identifikation erfolgt, Bild 6.10. Anhand der Simulation wird für die Eingriffswinkel eine maximale Standardabweichung von $s_{max,\varphi} = 0{,}024°$ ermittelt.

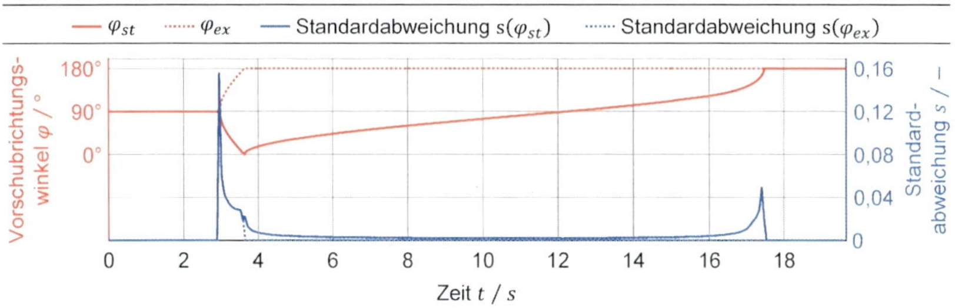

Bild 6.10: Verlauf der Standardabweichung der Eingriffsgrößen
Course of standard deviation of engagement condition

Um eine Identifikation bei nicht konstanter Vorschubgeschwindigkeit zu vermeiden, wird für die Vorschubgeschwindigkeit eine maximale Standardabweichung von $s_{max,v_f} = 0{,}75\ mm/s$ ermittelt. Alternativ dazu kann eine Überprüfung der Vorschubrichtung auf Unstetigkeit erfolgen. Eine Übergabe der Messdaten an die DLL erfolgt nur, wenn die zuvor ermittelten Voraussetzungen erfüllt werden.

6.2.2 Entwicklung eines Regelungssystems mit direkter Adaption der Modellparameter

Die identifizierten Modellparameter fließen im Regelungssystem in die Berechnung der Soll-Vorschubgeschwindigkeit ein. Eine direkte Zuweisung der Parameter führt zu einer schnellen Ausregelung von Störungen. Negativ wirken sich in diesem Fall jedoch fehlerhaft identifizierte Modellparameter aus. Die Qualität der Identifikation hängt entscheidend von der Qualität des Messsignals sowie von der Anzahl der Iterationszyklen des Least-Squares-Algorithmus ab. Durch eine höhere Anzahl von Iterationszyklen steigt die Laufzeit für den Identifikationsalgorithmus an. Die Abtastrate des Messsignals hat einen näherungsweise linearen Zusammenhang zur Laufzeit, da die Berechnung des Modells ebenfalls mit dieser Abtastrate erfolgt.

Soll eine Identifikation innerhalb einer Vorschubbewegung von 1 mm durchgeführt werden können, so ergibt sich eine maximal zulässige Laufzeit von

$$t = \frac{s}{v_f} = \frac{1\,mm}{12{,}73\,\frac{mm}{s}} = 78{,}6\,ms \qquad (6.1)$$

unter Berücksichtigung der folgenden Werkzeug- und Prozessparameter.

Tabelle 6.1: Werkzeug- und Prozessparameter
Tool and process parameters

Werkzeugparameter	Prozessparameter
$D_{WKZ} = 10\,mm, z = 2, \beta = 30°$	$v_c = 120\ m/min, a_e = 5\,mm, a_p = 5\,mm$

Mit dem eingesetzten Rechner (4 Prozessorkerne, 8 Threads, Intel Xeon 3,3 GHz, 8 GB RAM) wird eine Laufzeit von ca. 80 ms erreicht, wenn für die Abtastrate der Messwerte eine Frequenz von 10 kHz gewählt und die Anzahl der Funktionsaufrufe des Kraftmodells auf 20 begrenzt wird. Hiermit ergeben sich drei Iterationen des Least-Squares-Algorithmus, sodass eine hinreichend gute Anpassung der Modellparameter gewährleistet wird. Die Rechenzeit des Algorithmus wird hauptsächlich durch die Laufzeit des Kraftmodells bestimmt.

Bewertung der Regelgüte

Zur Bewertung der Regelgüte wurde der Versuch mit linear fallender Schnittbreite wiederholt. Während des Anschnittes stellt sich zunächst eine näherungsweise konstante Aktivkraft ein, da die Voraussetzungen für eine Identifikation nicht erfüllt werden. Es folgt anschließend für ca. 2 s ein unruhiger Verlauf der Aktivkraft, welcher im Mittel jedoch dem Sollwert entspricht. Im weiteren Verlauf ergibt sich ein stark oszillierender Regelgrößenverlauf, bis die Regelung manuell abgebrochen wurde. Die Schwingungen im Kraftmesssignal sind nicht auf eine Instabilität des Regelungssystems zurückzuführen, sondern werden durch die Referenztrajektorie vorgegeben, Bild 6.11.

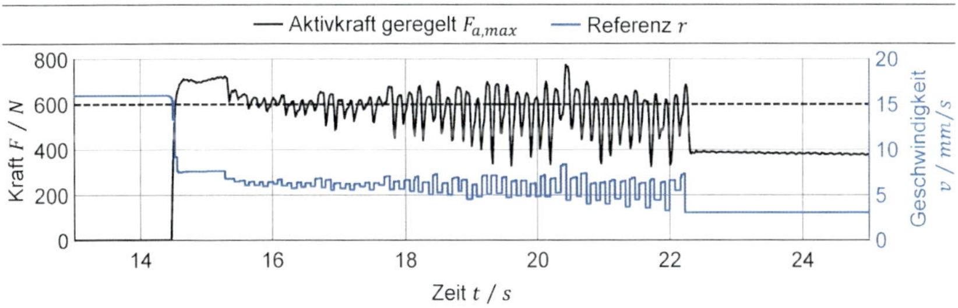

Bild 6.11: Oszillierender Regelgrößenverlauf bei direkter Adaption der Modellparameter
Unstable course of controlled variable with direct adaptation of model parameters

Für die Berechnung der Referenztrajektorie werden in jedem Abtastschritt zunächst die positionsabhängigen Sollwerte mit dem inversen Kraftmodell ermittelt. Anschließend wird die Referenztrajektorie mithilfe der entwickelten Filter bestimmt. Da bei den Versuchen ohne Online-Identifikation des Prozessübertragungsverhaltens keine Schwingungen aufgetreten sind, werden die identifizierten Modellparameter untersucht. Das Ergebnis der ersten Identifikation weicht deutlich von den in Kapitel 4 ermittelten Startparametern ab, Bild 6.12. Anschließend ergibt sich ein oszillierender Verlauf aller Modellparameter, aus welchem der gezeigte Regelgrößenverlauf resultiert.

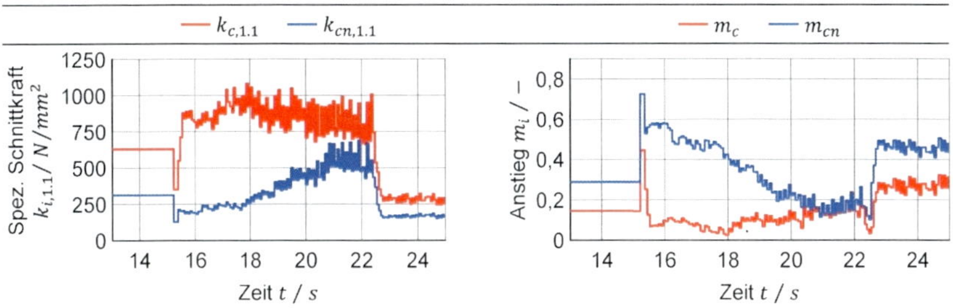

Bild 6.12: Verlauf der identifizierten Modellparameter
Course of identified model parameters

6.2.3 Entwicklung eines Regelungssystems mit rekursiver Adaption der Modellparameter

Zur Vermeidung von Oszillationen in der Regelgröße wird im Folgenden ermittelt, wie eine rekursive Adaption der Modellparameter auf den Verlauf der Regelgröße wirkt. Die Anforderungen an ein Filter werden nachfolgend zusammengefasst:

- Schneller Ausgleich bei sprungförmigem Eingangssignal ohne Überschwingen
- Dämpfung von Ausreißern
- Glättung des Signals

Um diese Anforderungen weitestgehend erfüllen zu können, wird eine exponentielle Glättung gewählt, welche zwischen die Parameteridentifikation und die Berechnung der Referenztrajektorie geschaltet wird, Bild 6.13.

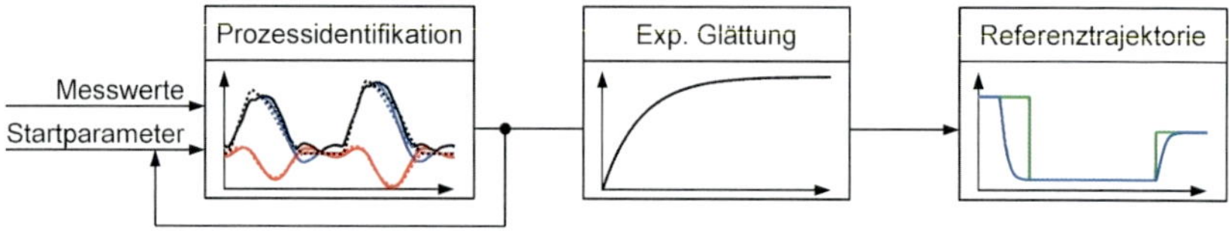

Bild 6.13: Rekursive Zuweisung der identifizierten Modellparameter
Recursive adaptation of the identified model parameters

Ermittlung von Parametern zur Filterung des identifizierten Prozessübertragungsverhaltens

Die exponentielle Glättung entspricht einem Tiefpassfilter erster Ordnung und wird als digitales IIR-Filter (infinite impulse response filter) mit dem Glättungsfaktor α und der zeitdiskreten Übertragungsfunktion

$$G(z) = \frac{\alpha}{1 + (1 - \alpha)z^{-1}} \tag{6.2}$$

realisiert. Zur Ermittlung eines optimalen Glättungsfaktors wurde der bereits durchgeführte Versuch mit zwischengeschaltetem Filter und unterschiedlichen Glättungsfaktoren wiederholt. Mit abnehmendem Glättungsfaktor ergibt sich für den Verlauf der Aktivkraft ein ruhigeres Verhalten, Bild 6.14. Ab einer Zeitkonstante von $\alpha = 0{,}43$ ist keine weitere Verbesserung des Signalverlaufs festzustellen. Die Ausgleichszeit bei sprungförmigem Eingangssignal beträgt bei dieser Filtereinstellung $T_{95\,\%} \approx 5 \cdot T_{s,ident}$. Ein sprungförmiges Eingangssignal wird mit den in Tabelle 6.1 beschriebenen Prozessparametern innerhalb von 5 mm ausgeglichen, was dem Radius des Fräsers entspricht.

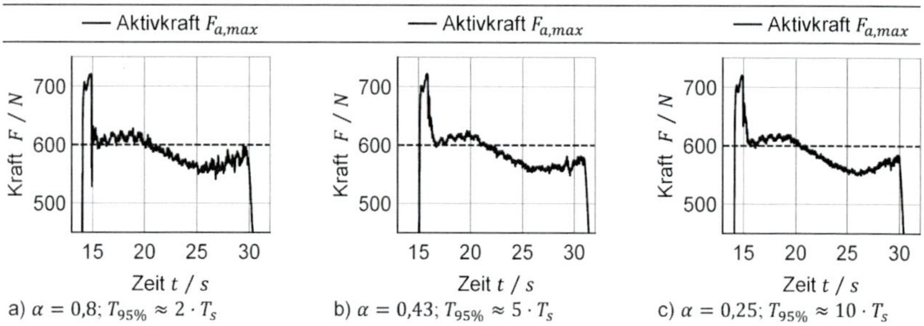

Bild 6.14: Einfluss der Filterparameter auf den Regelgrößenverlauf
Influence of the filter parameter on the controlled signal

Untersuchung der Regelgüte

Im Vergleich zum geregelten Prozess mit konstanten Modellparametern des Kraftmodells weist der Verlauf der Regelgröße eine deutlich geringere Regelabweichung auf, Bild 6.15. Die maximale Regelabweichung beträgt nach dem Anschnitt $\Delta F_a = 52\ N$.

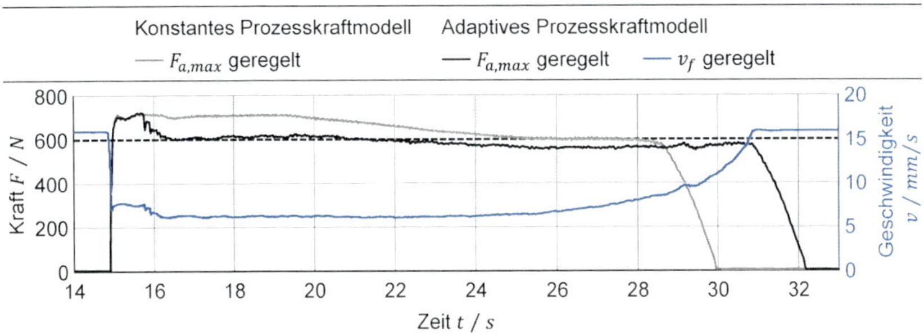

Bild 6.15: Regel- und Stellgrößenverlauf bei linear fallender Schnittbreite
Controlled and manipulated variable for linear decreasing width of cut

Der Verlauf der Modellparameter weist durch die Filterung einen deutlich ruhigeren Verlauf im Vergleich zur direkten Parameteradaption auf, Bild 6.16. Dennoch zeigt sich eine deutliche Änderung der Modellparameter mit der Änderung der Eingriffsgrößen.

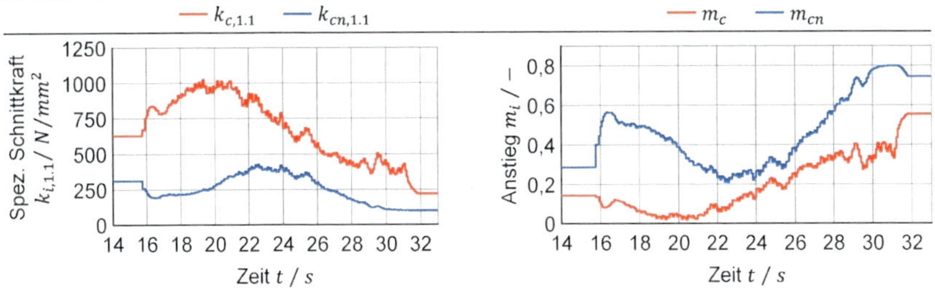

Bild 6.16: Verlauf der identifizierten Modellparameter bei linear fallender Schnittbreite
Identified model parameters for linear decreasing width of cut

6.2.4 Untersuchung des Störverhaltens des Regelungssystems

In Kapitel 5.1.3 wurde bereits ein Stabilitätsnachweis des modellbasierten prädiktiven Reglers für definierte Anwendungsfälle erbracht. Wird vorausgesetzt, dass die Werkzeugmaschine auf ein beschränktes Eingangssignal mit einem beschränkten Ausgangssignal reagiert, so kann für einen schwingungsfreien Prozess die BIBO-Stabilität für die gesamte Regelstrecke angenommen werden. Kapitel 6.2.2 hat gezeigt, dass die Regelgüte und die Stabilität des Gesamtsystems entscheidend von der Identifikation des Prozessübertragungsverhaltens und der Parameterzuweisung beeinflusst werden. Aus diesem Grund werden im Folgenden gezielt Störungen hervorgerufen, welche sich auf die Identifikation des Prozessübertragungsverhaltens auswirken, und es wird das Verhalten des Regelungssystems untersucht.

Neben den im Prozesskraftmodell explizit berücksichtigten Eingangsbedingungen Eingriffssituation, Werkzeugmakrogeometrie und Prozessparameter wirken sich implizit berücksichtigte Eingangsbedingungen wie die Werkzeugmikrogeometrie und Störungen in der Kraftmessung ebenfalls auf die identifizierten Modellparameter aus. Sowohl explizit als auch implizit berücksichtigte Bedingungen können störungsbehaftet sein und damit im schlimmsten Fall zu einer Anregung des Gesamtsystems führen, Bild 6.17.

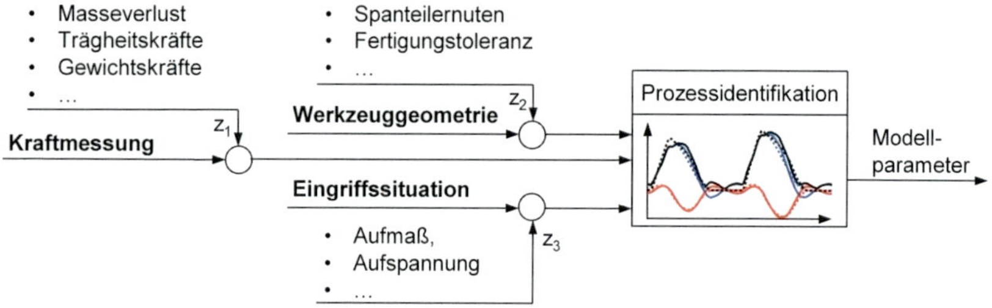

Bild 6.17: Eingangs- und Störgrößen mit Wirkung auf die Identifikation des Prozessübertragungsverhaltens

Input and disturbance variables with effect on identification of process transfer behaviour

Unter normalen Fertigungsbedingungen sind keine stoßartigen Anregungen durch implizit berücksichtigte Bedingungen wie den Werkzeugverschleiß oder die Werkzeugmikrogeometrie zu erwarten. Im Gegensatz dazu kann es bei den explizit berücksichtigten Bedingungen zu einer Anregung des Systems kommen. Daher beschränkt sich die folgende Untersuchung auf explizit berücksichtigte Eingangsbedingungen des Kraftmodells bzw. die Identifikation des Prozessübertragungsverhaltens.

Untersuchung des Störverhaltens bei statisch fehlerhafter Schnittbreite

Eine falsch angenommene Schnittbreite kann aus einer fehlerhaften Durchdringungsrechnung resultieren, wenn beispielsweise die Rohteilgeometrie bei der Bearbeitung von Gusswerkstücken nicht exakt bekannt ist. Wird die Schnittbreite kontinuierlich als zu klein angenommen, so nehmen die Modellparameter für die Schnittkraft ähnliche Werte wie die Modellparameter für die Schnittnormalkraft an, Bild 6.18. Insbesondere die großen Anstiegswerte m_c und m_{cn} bewirken eine geringe Gewichtung der Spanungsdicke und damit große Änderungen in den berechneten Sollwerten der Vorschubgeschwindigkeit. Im konkreten Fall führt dies zu einem instabilen Verlauf der Regelgröße, Bild 6.19. Über eine Anpassung der Grenzen in der Parameteridentifikation wird der instabile Regelgrößenverlauf zwar verhindert, jedoch wird die Möglichkeit zur Prädiktion des zukünftigen Kraft- bzw. Sollwertverlaufs nicht verbessert.

Hierzu wäre eine Erweiterung der Parameteridentifikation notwendig, wobei die vorgegebene Schnittbreite ebenfalls als Variable in das Optimierungsproblem einfließt.

Entgegengesetzt führt eine kontinuierlich zu groß angenommene Eingriffsbreite zu sehr geringen Anstiegswerten, was ebenfalls eine Verminderung der Regelgüte zur Folge hat.

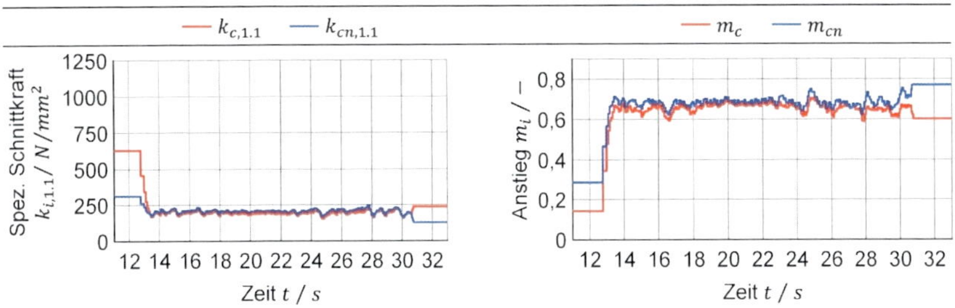

Bild 6.18: Verlauf der identifizierten Modellparameter bei falsch angenommener Schnittbreite ($a_e = 6\ mm$, $a_{e,sim} = 5\ mm$)

Identified model parameters due to deviation in expected width of cut ($a_e = 6\ mm$, $a_{e,sim} = 5\ mm$)

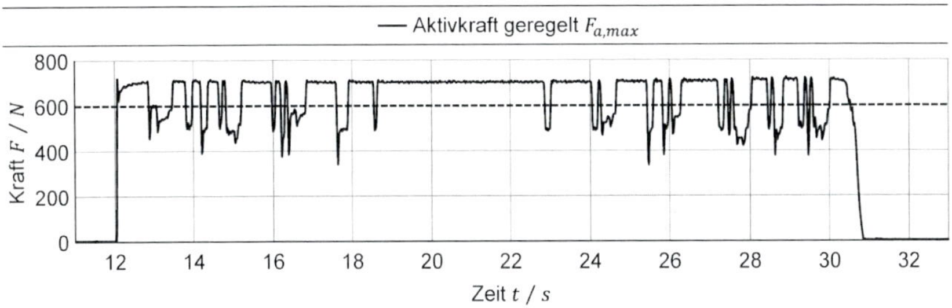

Bild 6.19: Instabiler Regelgrößenverlauf bei fehlerhafter Schnittbreite

Unstable course of controlled variable due to deviation in expected width of cut

Untersuchung des Störverhaltens bei einer sprungförmigen Veränderung der Schnittbreite

Wird die Schnittbreite sprunghaft von $a_e = 4\ mm$ auf $a_e = 6\ mm$ bei einer angenommenen Schnittbreite von $a_e = 5\ mm$ verändert, so ergibt sich im Übergangsbereich ein leichtes Überschwingen, welches aber unmittelbar abklingt, Bild 6.20.

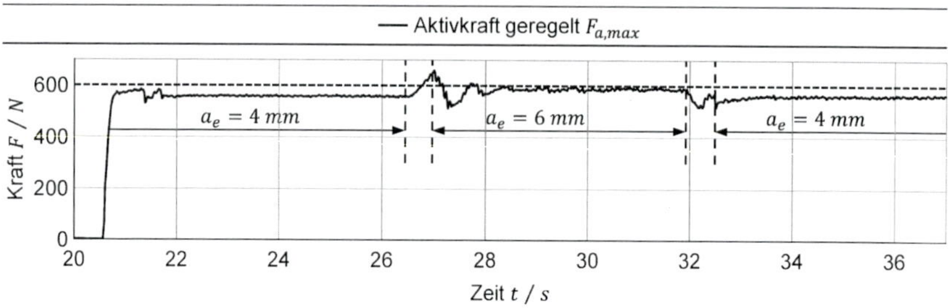

Bild 6.20: Regelgrößenverlauf bei sprungförmiger Änderung der Schnittbreite

Course of controlled variable due to step changes in width of cut

Durch die angepasste Obergrenze für den Anstiegswert der spezifischen Schnittkraft bei der Ermittlung der Modellparameter des Kraftmodells wird im mittleren Teil verhindert, dass der Einfluss der Spanungsdicke im Kraftmodell durch $m_c > 0{,}6$ zu gering wird, Bild 6.21.

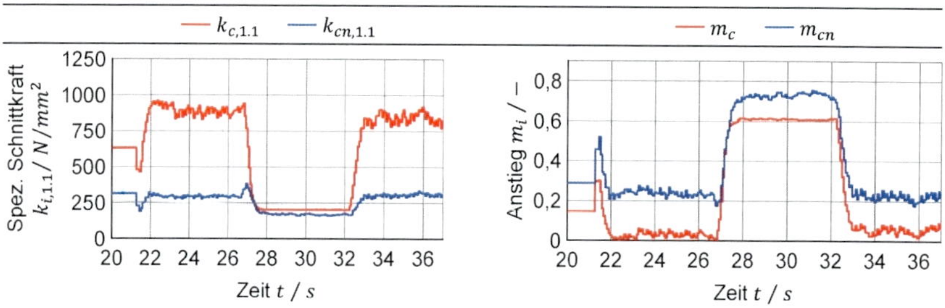

Bild 6.21: Verlauf der identifizierten Modellparameter bei sprungförmiger Änderung der Schnittbreite

Identified model parameters due to step changes in width of cut

Die ermittelten Modellparameter unterscheiden sich deutlich voneinander, da in beiden Fällen eine falsche Schnittbreite zugrunde gelegt wurde. Dennoch ergibt sich für den jeweiligen Fall eine sehr gute Übereinstimmung zwischen Modell und Messung, Bild 6.22.

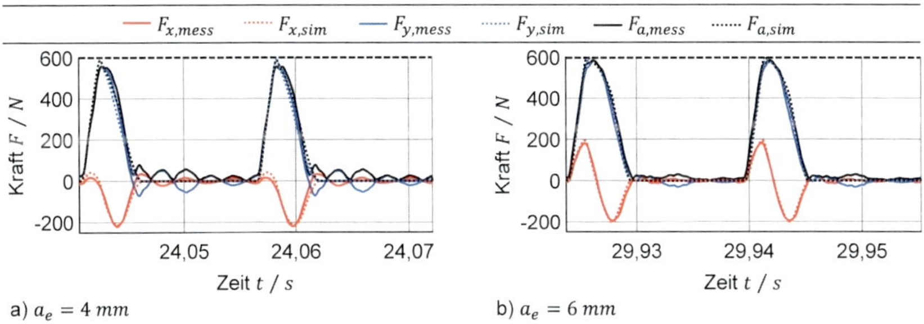

Bild 6.22: Vergleich zwischen Messung und Simulation mit identifizierten Modellparametern
Comparison of measurement and simulation with identified model parameters

Untersuchung des Störverhaltens gegenüber dynamischen Einflüssen durch die Durchdringungsrechnung

Neben unbekanntem Aufmaß oder falscher Rohteilgeometrie bei der Durchdringungsrechnung können bei der eigentlichen Berechnung der Eingriffsgrößen ebenfalls Abweichungen auftreten. Für die Durchdringungsrechnung werden Werkstück und Werkzeug diskretisiert und durch boolesche Operationen miteinander in Wechselwirkung gebracht. Die Diskretisierung wird dabei mit endlicher Auflösung realisiert. Derzeit verfügbare Simulationsplattformen bieten teilweise nur unzureichende Möglichkeiten, Einfluss auf die Genauigkeit des Ergebnisses zu nehmen bzw. selbsttätig eine optimale Wahl der Simulationsparameter vorzunehmen. Untersuchungen an einer kommerziellen Optimierungssoftware haben gezeigt, dass insbesondere bei Schlichtbedingungen große relative Fehler bei der Berechnung der Eingriffswinkel auftreten können. Neben statischen Abweichungen können bei konstanten Schnittbedingungen ebenfalls dynamische Abweichungen auftreten. Um den Einfluss dynamisch fehlerhafter Eingriffsgrößen auf das Regelungssystem zu untersuchen, wurde der positionsbezogene Startwinkel bei einem Gleichlauffräsprozess mit einer Schnittbreite $a_e = 5\,mm$ mit einer Sinusschwingung der Amplitude 4,5° und verschiedener Wellenlängen überlagert. Langwellige Schwingungen werden dabei durch die Regelung vollständig ausgeregelt. Bei Schwingungen mit einer Wellenlänge von $4\,mm \leq \lambda \leq 8\,mm$ folgt das Regelungssystem dem Eingangssignal phasenverschoben mit einer Schwingung, welche jedoch nicht zu einem instabilen Verhalten des Systems führt, Bild 6.23 a) und b). Bei einer Schwingung mit einer Wellenlänge von $\lambda = 0{,}94\,mm$ ist es dem Regelungssystem nicht mehr möglich, dem vorgegebenen Verlauf zu folgen, und es resultiert ein stabiler Verlauf mit einer geringen Regelabweichung, Bild 6.23 c).

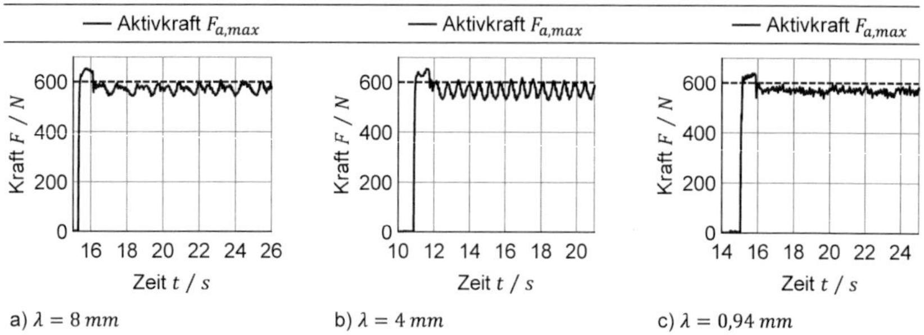

Bild 6.23: Regelgrößenverlauf bei periodischem Fehler des Eingriffswinkels φ_{st}
Controlled variable for periodic deviation of engangement angle φ_{st}

6.2.5 Zwischenfazit

Durch die Integration des zusätzlichen Filters vor der Zuweisung der identifizierten Modellparameter resultiert ein stabiles Verhalten des Regelkreises. Zur Untersuchung des Störverhaltens des Systems wurden unterschiedliche Störungen mit Wirkung auf die Identifikation des Prozessübertragungsverhaltens aufgebracht. Weicht die reale Eingriffsbreite deutlich nach oben vom a-priori bestimmten Wert ab, nehmen die identifizierten Anstiegswerte des Prozesskraftmodells große Werte an. Hieraus resultiert ein sinkender Einfluss der Spanungsdicke im Modell, der zu einer Instabilität führt. Eine gezielte Begrenzung der Modellparameter bei der Parameteridentifikation verringert die Neigung zu instabilem Verhalten. Weiterhin ist bei allen durchgeführten Versuchen im Regelgrößenverlauf eine statische Abweichung von der Führungsgröße festzustellen.

6.2.6 Kompensation statischer Regelabweichung

Aufgrund des fehlenden Integralanteils im vorgestellten Regelungssystem ergibt sich, abhängig von der Übereinstimmung zwischen Modell und Realität, eine bleibende Regelabweichung. Diese wird von der Eingriffssituation beeinflusst, da für die Identifikation der Modellparameter nicht ausschließlich das Maximum der Aktivkraft, sondern der zeitliche Kraftverlauf berücksichtigt wird. Die Kompensation statischer Regelabweichungen in modellprädiktiven Regelungen kann durch das Einführen zusätzlicher Zustandsgrößen realisiert werden [RAU03]. Da die Regelgröße Prozesskraft keine direkte Berücksichtigung im Regler, sondern lediglich in der Berechnung der Sollwerttrajektorie findet, ist eine Kompensation im Regler nicht möglich.

Die Abweichung ΔF_a der Regelgröße vom Sollwert kann jedoch bereits während der Parameteridentifikation ermittelt und für eine Kompensation verwendet werden. Wird im Arbeitspunkt ein linearer Zusammenhang zwischen dem Maximum der Aktivkraft und der Vorschubgeschwindigkeit angenommen, so wird die Regelabweichung über eine lineare Anpassung des Sollwertes verringert, Bild 6.24. Aufgrund der Filterung der Modellparameter vor der Zuweisung muss auch der Kompensationswert mit den gleichen Filtereinstellungen gefiltert werden.

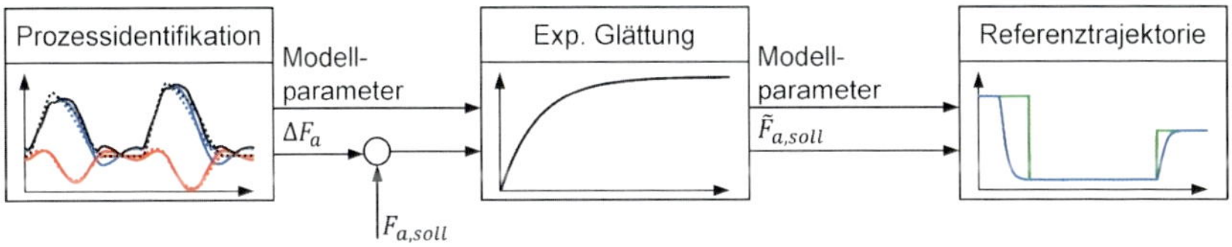

Bild 6.24: Blockschaltbild für die Kompensation statischer Regelabweichungen

Block diagram for the compensation of static control deviation

Untersuchung der Regelgüte

Um die Wirkung der Kompensation zu untersuchen, wurde der Versuch mit linear fallender Schnittbreite mit der beschriebenen Kompensationsstrategie wiederholt. Dabei ergibt sich nach der ersten Identifikation eine maximale Regelabweichung von 14 N im Vergleich zu 52 N ohne die Kompensation. Der Kompensationswert nimmt abhängig von der Schnittbreite Werte zwischen -40 N und +40 N an, Bild 6.25. Neben einer geringeren Regelabweichung lässt sich generell ein ruhigerer Verlauf der Regelgröße beobachten.

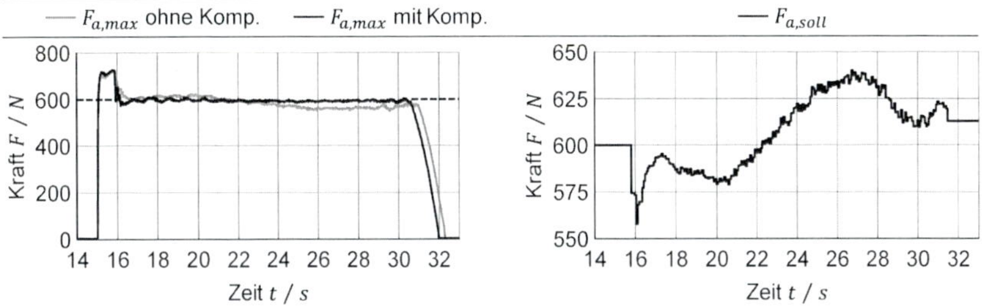

Bild 6.25: Regel- und Führungsgrößenverlauf bei Kompensation statischer Regelabweichungen bei linear fallender Schnittbreite

Course of controlled and reference variable with compensation of static control deviation for linear decreasing width of cut

6.2.7 Übertragung auf Schaftfräser mit mehreren Schneiden

Die bisherigen Versuche wurden zur besseren Beurteilung der Regelgüte mit Schaftfräsern mit nur einer Schneide durchgeführt. Im Folgenden werden die gewonnenen Erkenntnisse auf ein Werkzeug mit zwei Schneiden übertragen. Hierzu wurde zunächst ein einfacher Schnitt mit konstanten Eingriffsgrößen durchgeführt. Trotz signifikantem Rundlauffehler ist das Regelungssystem in der Lage, die Regelgröße sehr genau auf den Sollwert einzuregeln, Bild 6.26. Zwischen Modell und Messung ist im Bereich um das Maximum bei der Kraftkomponente in y-Richtung eine höhere Abweichung im Vergleich zum Versuch mit einschneidigem Werkzeug festzustellen, Bild 6.26.

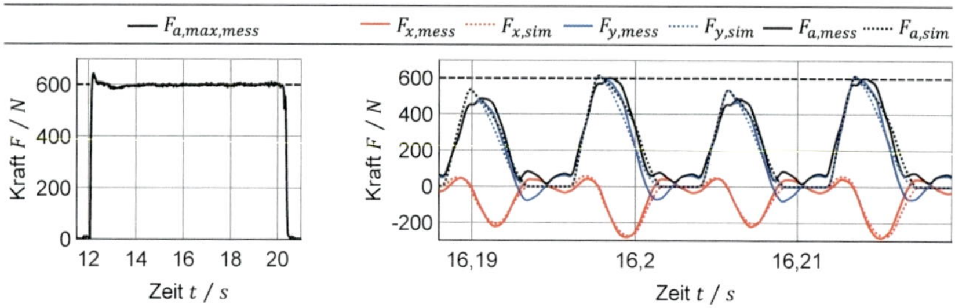

Bild 6.26: Regelgrößenverlauf und Vergleich zwischen Modell und Messung bei der Übertragung auf ein Werkzeug mit zwei Schneiden

Course of controlled variable and comparison between measurement and model for a two edge cutter

Untersuchung des Störverhaltens bei fehlerhafter Werkzeugmakrogeometrie

In Abschnitt 6.2.4 wurde ausführlich untersucht, wie sich fehlerhafte Eingangsbedingungen auf den Identifikationsalgorithmus bzw. auf die Regelgüte auswirken. Dabei wurde eine Abweichung der angenommenen Werkzeuggeometrie außer Acht gelassen. Ebenso wie die Werkstoffhärte wird die Werkzeugmikrogeometrie nicht explizit im Kraftmodell berücksichtigt, sondern bildet sich in den Modellparametern ab. Die Makrogeometrie wird in Form des Durchmessers, der Anzahl der Schneiden und des Drallwinkels bei der Berechnung der Zerspankraft berücksichtigt. Da für Schruppfräsprozesse häufig Fräser mit Spanteilernuten zum Einsatz kommen, wird im Folgenden untersucht, ob eine derartige Abweichung der Werkzeuggeometrie explizit im Kraftmodell berücksichtigt werden muss. Hierzu wurden Versuche mit einem zweischneidigen Werkzeug für die Aluminiumbearbeitung durchgeführt. Der Abstand der Spanteilernuten beträgt 2,5 mm bei einer Breite von 1 mm. Neben der Geometrieabweichung durch die Spanteilernuten wurde der Drallwinkel im Modell zu $\beta = 30°$ angenommen, wobei das Werkzeug einen Drallwinkel von 40° aufweist. Die Schnitttiefe wurde auf 7,5 mm erhöht, sodass zwei Spanteilernuten im Eingriff waren.

Bedingt durch die Geometrieabweichung ergibt sich ein leicht unruhigerer Verlauf der Regelgröße, die maximale Regelabweichung beträgt dennoch lediglich 31 N, Bild 6.27. Beim Vergleich zwischen Modell und Simulation zeigt sich, dass die Störungen im Kraftverlauf, welche auf die Spanteilernuten zurückzuführen sind, durch die Least-Squares-Anpassung über den gesamten Kraftverlauf ausgeglichen werden, Bild 6.27. Der im Modell zu gering angenommene Drallwinkel bewirkt ein zeitlich zu breites Messsignal.

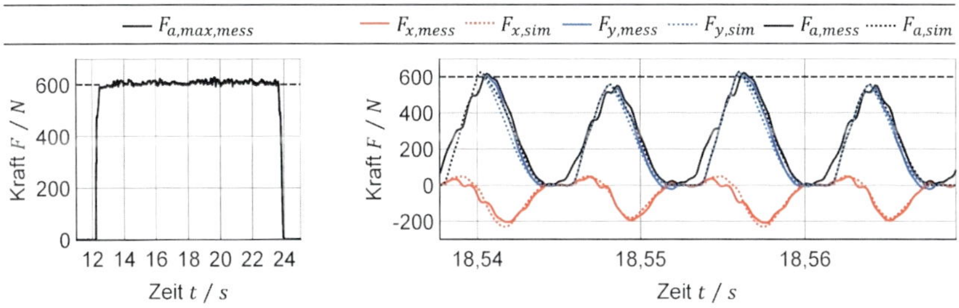

Bild 6.27: Störverhalten bei fehlerhafter Werkzeugmakrogeometrie

Disturbance reaction for deviation of tool geometry

6.2.8 Untersuchung der Regelgüte an einem Realbauteil

Zur Validierung des Regelungssystems an einer realen Bauteilgeometrie wurde ein Laufrad eines Radialverdichters in Anlehnung an [AHME15], welches aus einem zylindrischen Grundkörper herausgearbeitet wird, ausgesucht, Bild 6.28. Die Werkzeugbahn ist für jedes Segment identisch und wird lediglich um den Teilungswinkel rotiert.

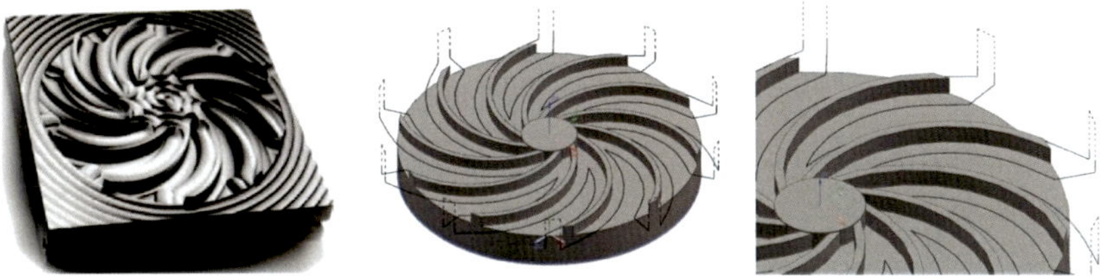

Bild 6.28: Verdichterlaufrad und programmierte Werkzeugbahn

Impeller geometry and programmed tool path

Die Darstellung der Eingriffsgrößen über dem Werkzeugweg zeigt, dass neben Bereichen mit langsamer Veränderung der Eingriffswinkel in den Bereichen B_1 und B_2 auch sprunghafte Veränderungen an den Positionen P_1 und P_2 auftreten, Bild 6.29. Die Schnitttiefe beträgt konstant $a_p = 5\ mm$.

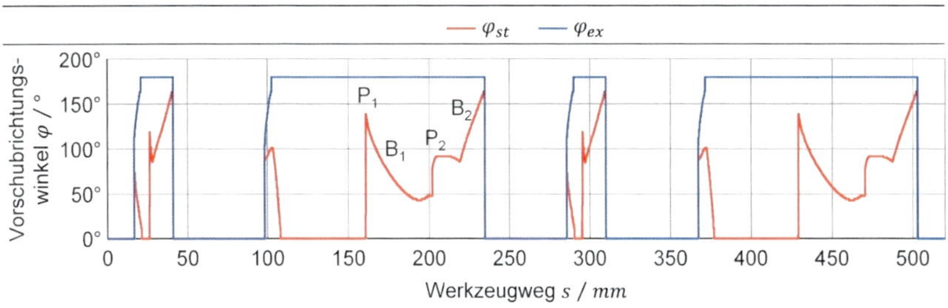

Bild 6.29: Eingriffswinkel entlang der Werkzeugbahn für das Verdichterlaufrad

Engagement angle along tool path for impeller

Anforderungen an die programmierte Werkzeugbahn

Auf die generelle Anpassung des NC-Programms zur Integration der notwendigen Mess- und Stellsignale wurde bereits in Abschnitt 6.1.3 eingegangen. Für einen optimalen Regelgrößenverlauf ergeben sich durch die zur Berechnung der Referenztrajektorie genutzte Filterung weitere Anforderungen an die Werkzeugbahn. Die An- und Abfahrwege im Bearbeitungssatz müssen so bemessen sein, dass die Vorschubachse von der höheren Anfahrgeschwindigkeit auf die Bearbeitungsgeschwindigkeit bremsen bzw. von der Bearbeitungsgeschwindigkeit auf die höhere Abfahrgeschwindigkeit beschleunigen kann. Im Zeitbereich ist hierfür das identifizierte lineare zeitinvariante Systemverhalten der Vorschubachse bzw. des Filters anzusetzen. Der erforderliche Weg ergibt sich aus dem Integral des zeitlichen Verlaufs der Geschwindigkeit, mit der Anfahrgeschwindigkeit v_1 und der Bearbeitungsgeschwindigkeit v_2, zu

$$\Delta s = (v_1 - v_2) \int_0^{t_{95\%}} 1 - \left(1 + \frac{t}{T}\right) e^{-\frac{t}{T}} \, dt + t_{95\%} v_1 \,. \tag{6.3}$$

Da die Vorschubgeschwindigkeit v_2 von den Eingriffsgrößen sowie den Modellparametern abhängt, wird der Weg Δs_{max} mit $v_2 \leq v_1$ zu

$$\Delta s_{max} = t_{95\%} v_1 \tag{6.4}$$

abgeschätzt.

Untersuchung der Regelgüte

Der Vergleich der Aktivkraft für einen ungeregelten und mit konstanten Modellparametern geregelten Prozess zeigt, dass der modellbasierte prädiktive Ansatz zu einer deutlichen Verbesserung des Regelgrößenverlaufes führt, Bild 6.30. Neben geringeren Abweichungen zum Sollwert wird in Bereichen mit kleinem Eingriff durch die Steigerung der Vorschubgeschwindigkeit eine Verringerung der Hauptzeit erzielt. Die verbleibende Regelabweichung ist auf den Modellfehler zurückzuführen.

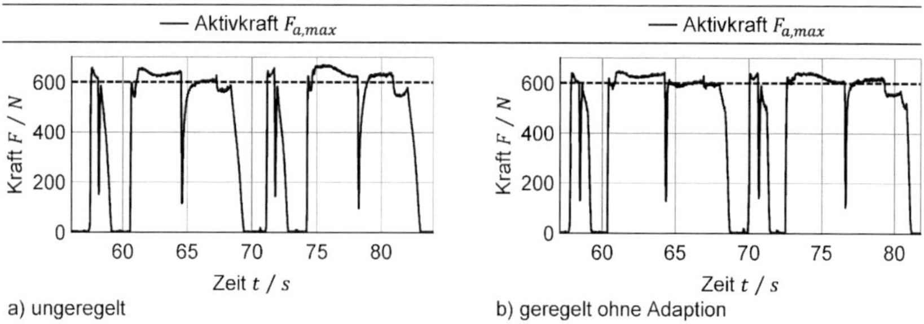

Bild 6.30: Vergleich der Regelgröße zwischen ungeregeltem Prozess und geregeltem Prozess ohne Adaption

Comparison of controlled variable for unregulated process and closed-loop controlled process without adaptation

Im Vergleich zum gesteuerten Prozess wird durch die Identifikation des Prozessübertragungsverhaltens eine deutlich geringere Regelabweichung erzielt, Bild 6.31.

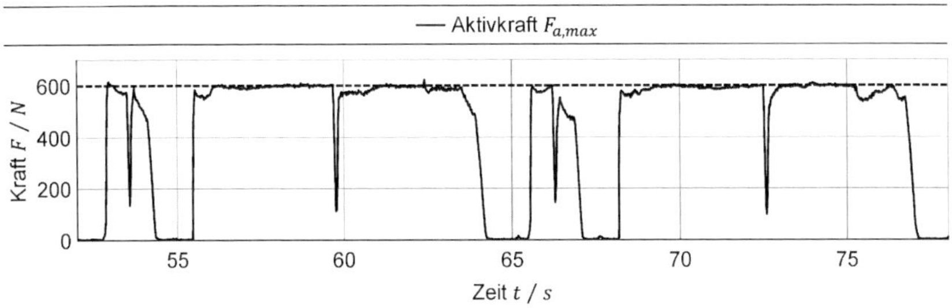

Bild 6.31: Regelgrößenverlauf bei Adaption des Prozessübertragungsverhaltens
Controlled variable with identification of process transfer behaviour

In Kapitel 4 wurde gezeigt, dass die Startparameter bei der Identifikation des Prozessübertragungsverhaltens durch die gezielte Parametrierung nur einen geringen Einfluss auf die ermittelten Modellparameter ausüben. Dieses Verhalten konnte im vorliegenden Versuch nicht beobachtet werden. Mit steigender Laufzeit reduzierte sich der Gültigkeitsbereich der Modellparameter für die Prädiktion. Um dennoch eine hohe Regelgüte erreichen zu können, wurden die Startwerte für die Parameteridentifikation konstant angenommen. Hierdurch ergab sich nur eine geringfügig höhere Laufzeit der Optimierung. Ein Grund für dieses Verhalten ist in der Nachgiebigkeit der verwendeten Maschine und den Auswirkungen auf die Kraftmesssignale zu sehen.

Durch die Kompensation der Abweichung zwischen Kraftmodell und Messung wird die statische Regelabweichung unter konstanten Schnittbedingungen sehr gering. Bei schnell wechselnden Eingriffsgrößen führt die Kompensation jedoch unter Umständen zu einer kurzzeitig hohen Regelabweichung. Daher wurde der kompensierte Sollwert der Aktivkraft $\tilde{F}_{a,soll}$ nach jeder Schnittunterbrechung auf einen Startwert von -575 N zurückgesetzt, sodass ein verringerter Vorschub resultierte. Den resultierenden Verlauf der Führungsgröße zeigt Bild 6.32. Hierdurch werden Überhöhungen im Anschnitt wirkungsvoll verhindert.

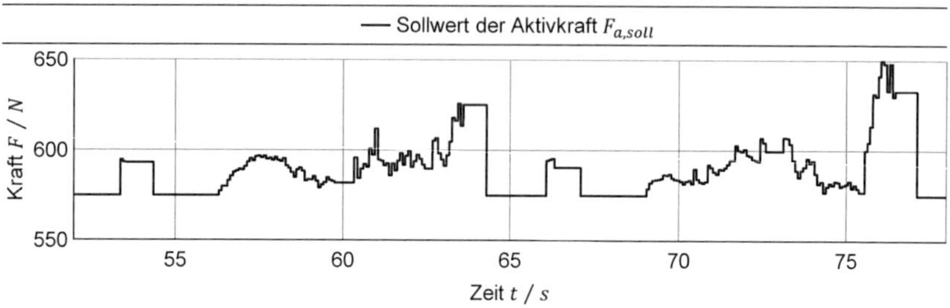

Bild 6.32: Verlauf der Führungsgröße bei aktiver Kompensation der statischen Regelabweichung

Reference variable with compensation of static control deviation

6.2.9 Validierung des Regelungssystems an einem Werkstück aus dem Formenbau

In Kapitel 6.2.8 wurde das Regelungssystem an einem Werkstück aus Aluminium erprobt und die Leistungsfähigkeit des Systems gezeigt. Die Prozesskraftregelung bietet insbesondere bei der Fertigung von hochwertigen Produkten in geringen Stückzahlen einen entscheidenden Vorteil gegenüber offline-optimierten bzw. ungeregelten Prozessen. Diese Produktionsrandbedingungen sind sowohl in der Luft- und Raumfahrtindustrie als auch im Werkzeug- und Formenbau zu finden.

Im Folgenden wird das entwickelte Regelungssystem daher an einem Bauteil aus dem Formenbau validiert. Für die Untersuchung wurde eine Geometrie in Anlehnung an [JOHN15] gewählt, welche aus einem quaderförmigen Rohteil herausgearbeitet wird, Bild 6.33. Als Strategie zur Erzeugung der Werkzeugbahn wurde das konturparallele Schruppen ausgewählt. Zunächst erfolgt die Bearbeitung der vier Ecken, anschließend werden konturparallele Bahnen zur Erzeugung der Endgeometrie berechnet. Durch die wechselnde konvexe und konkave Geometrie ergeben sich insbesondere bei den inneren Werkzeugbahnen kurzzeitig hohe Umschlingungswinkel. Die Schnitttiefe der einzelnen Ebenen wird konstant zu $a_p = 5\,mm$ gewählt.

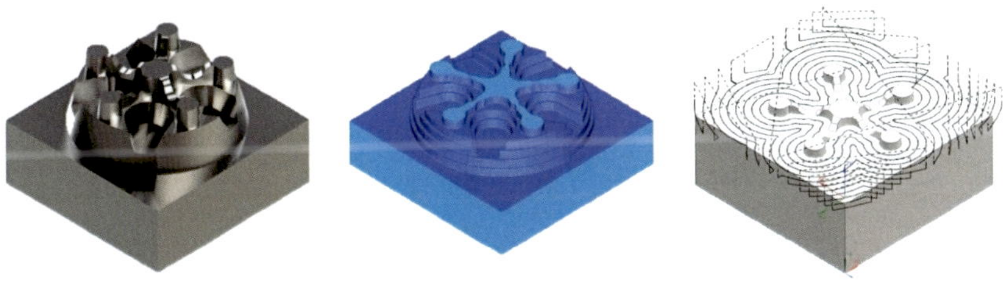

Bild 6.33: Testgeometrie aus dem Formenbau in Anlehnung an [JOHN15] und programmierte Werkzeugbahn

Test geometry from mold and die according to [JOHN15] and programed tool path

Zum Vergleich des ungeregelten Prozesses mit dem geregelten wird ein Teil der Bearbeitung der obersten Ebene betrachtet. Für den ungeregelten Prozess wurde die konstante Vorschubgeschwindigkeit so gewählt, dass eine durchschnittliche maximale Aktivkraft von $F_{a,max} \approx 600\,N$ resultierte, Bild 6.34. Mit schneidscharfem Werkzeug ergibt sich eine maximale Kraft von $F_{a,max} = 674\,N$.

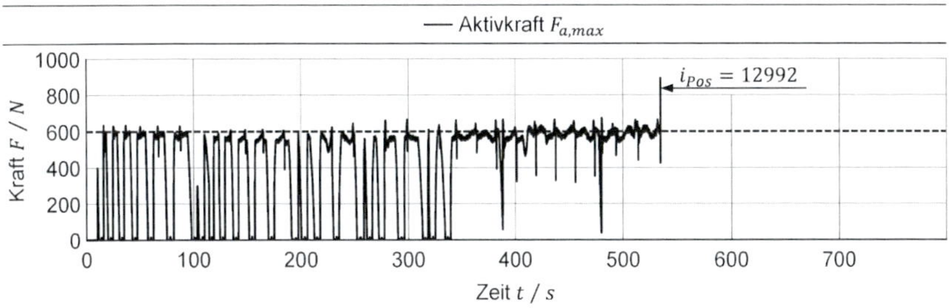

Bild 6.34: Regelgrößenverlauf bei konstanter Vorschubgeschwindigkeit und schneidscharfem Werkzeug

Controlled variable at constant feed velocity and sharp tool

Im Vergleich dazu weist der Regelgrößenverlauf mit aktiver Prozesskraftregelung eine deutlich geringere Abweichung vom Sollwert auf. Die maximale Aktivkraft beträgt $F_{a,max} = 725\,N$, wurde jedoch nur an wenigen Stellen kurzzeitig erreicht. Trotz des im Mittel höheren Wertes der einhüllenden Aktivkraft von $F_{a,m} = 578\,N$ im Gegensatz zu $F_{a,m} = 540\,N$ ergibt sich durch steigenden Verschleiß eine geringfügig größere Hauptzeit, Bild 6.35.

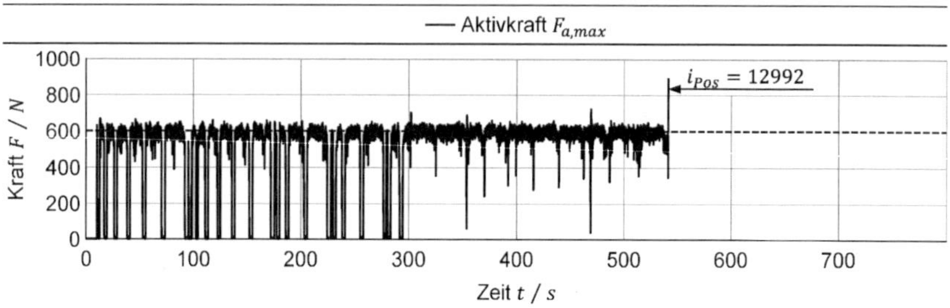

Bild 6.35: Regelgrößenverlauf mit aktivem Regelungssystem und schneidscharfem Werkzeug

Controlled variable with sharp tool

Durch die Wahl einer optimalen Vorschubgeschwindigkeit beim ungeregelten Prozess stellt sich bei diesem ebenfalls ein zufriedenstellender Regelgrößenverlauf ein. Das Potenzial der Regelung zeigt sich in diesem Fall erst durch die Berücksichtigung des tatsächlichen Prozessverhaltens, welches maßgeblich durch den Werkzeugverschleiß geprägt wird. Daher wurden die bereits durchgeführten Versuche mit verschlissenem Werkzeug wiederholt. Der Versuch ohne Prozesskraftregelung wurde mit der gleichen Vorschubgeschwindigkeit wie zuvor durchgeführt. Dadurch ergibt sich insgesamt ein deutlich höheres Kraftniveau mit einer maximalen Aktivkraft von $F_{a,max} = 965\ N$, Bild 6.36.

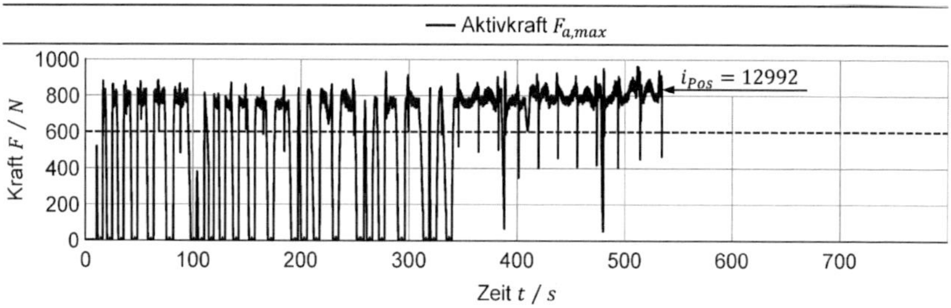

Bild 6.36: Regelgrößenverlauf bei konstanter Vorschubgeschwindigkeit und verschlissenem Werkzeug

Controlled variable at constant feed velocity and worn tool

Die maximale Aktivkraft mit aktiver Prozesskraftregelung beträgt während der ersten Identifikation kurzzeitig 807 N, Bild 6.37. Die Prozesszeit steigt im Vergleich zum ungeregelten Prozess um ca. 43 % an. Dieser Anstieg darf nicht als Reduktion der Produktivität mit aktivem Regelungssystem gesehen werden, da die ungeregelte Prozesskraft deutlich über dem Sollwert liegt.

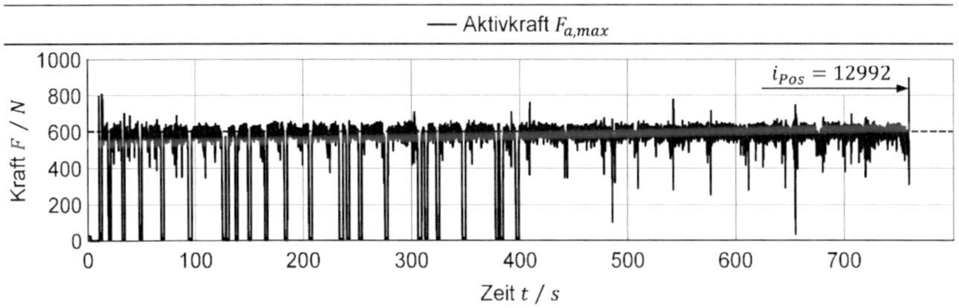

Bild 6.37: Regelgrößenverlauf mit aktivem Regelungssystem und verschlissenem Werkzeug

Controlled variable with worn tool

Neben der Charakterisierung der Regelgüte durch die maximal aufgetretene Kraft bzw. die Prozesszeit bieten die in Kapitel 2 beschriebenen Gütemaße die Möglichkeit, eine quantitative Aussage über die Regelgüte zu treffen. Wird die Prozesskraftregelung mit Fokus auf den Werkzeugschutz eingesetzt, so ist die quadratische Regelfläche zu bevorzugen, da eine höhere Gewichtung von großen Abweichungen zum Sollwert erfolgt. Um den Einfluss der Hauptzeit zu eliminieren, wird die quadratische Regelfläche auf diese bezogen. In die Berechnung werden lediglich Bereiche einbezogen, in welchen ein Werkzeugeingriff vorliegt. Die Versuchsauswertung zeigt nur einen geringen Unterschied der bezogenen quadratischen Regelfläche in den beiden Versuchen mit aktiver Kraftregelung, Tabelle 6.2. Demgegenüber ergeben sich deutlich größere Werte in den Versuchen mit konstanter Vorschubgeschwindigkeit. Ebenso wird bei den Versuchen mit aktiver Regelung eine Überschreitung der Führungsgröße um 10 % nur für eine geringe Zeitdauer registriert.

Tabelle 6.2: Kennwertbasierter Vergleich

Characteristic values for comparison of trials with and without control system

	Maximalwert $F_{a,max}$	Mittelwert der maximalen Aktivkraft $\bar{F}_{a,max}$	Haupt-zeit t_h	Quadratische Regelfläche / Schnittzeit	Zeitanteil mit $F_{a,max} > 1{,}1 \cdot F_{a,soll}$
Ungeregelt	674 N	540 N	525 s	15175	0,2 %
Mit Regelung	725 N	578 N	531 s	3727	0,2 %
Ungeregelt, verschlissenes Werkzeug	965 N	732 N	525 s	42141	85 %
Mit Regelung, verschlissenes Werkzeug	807 N	584 N	749 s	2642	0,6 %

6.3 Zusammenfassung

In Kapitel 4 wurde eine Methode zur kontinuierlichen Identifikation der Regelstrecke beim Fräsen entwickelt. Basierend auf den Modellen für das Maschinen- und Prozessübertragungsverhalten wurde in Kapitel 5 eine prozessspezifische Auslegung des Reglers durchgeführt. In Kapitel 6 wurden die Teilsysteme zu einem modellbasierten prädiktiven Regelungssystem zusammengeführt. Dabei konnte zunächst gezeigt werden, dass bereits ohne Identifikation und Adaption des Prozessübertragungsverhaltens eine deutliche Verbesserung des Regelgrößenverlaufs im Vergleich zu einem Prozess mit konstantem Vorschub erfolgt. Der Vergleich zeigt einen deutlich konstanteren Verlauf der Regelgröße, woraus eine entsprechende Verringerung der Hauptzeit resultiert. Ein instabiles Verhalten des Regelungssystems konnte nicht beobachtet werden.

Ohne Identifikation des Prozessübertragungsverhaltens ergibt sich die Regelabweichung aus den gewählten Modellparametern in Verbindung mit dem Modellfehler. Zur Reduktion der Regelabweichung wurde die entwickelte Identifikationsmethode in den Regelkreis integriert. Dabei konnte festgestellt werden, dass das System bei einer direkten Zuweisung der Modellparameter zu einem instabilen Regelgrößenverlauf neigt. Durch eine Vorverarbeitung der identifizierten Modellparameter konnte ein stabiler Regelgrößenverlauf bei gleichzeitig ausreichender Systemdynamik erzielt werden. Bei der Untersuchung des Störverhaltens zeigte sich generell eine gute Toleranz des Regelungssystems gegenüber fehlerhaften Eingangsbedingungen für den Identifikationsalgorithmus. Unter ungünstigen Randbedingungen wurden jedoch hohe Werte für den Anstiegswert im Zerspankraftmodell ermittelt. Der dadurch verringerte Einfluss der Spanungsdicke im Modell resultierte im Einzelfall in einem instabilen Verlauf der Regelgröße. Zur Reduktion der statischen Regelabweichung wurde eine

Kompensationsstrategie entwickelt, mit welcher die Abweichung von der Führungsgröße deutlich reduziert wurde.

Für die Validierung des Gesamtsystems wurden zwei Demonstrationsbauteile ausgewählt, welche aus Aluminium bzw. Stahl gefertigt wurden. Dabei konnte für beide Bauteile gezeigt werden, dass das entwickelte Regelungssystem in der Lage ist, die Aktivkraft auf einen konstanten Wert zu regeln, ohne dass sich bei einer Änderung der Eingriffsgrößen eine signifikante Abweichung von der Führungsgröße ergibt. Fortschreitender Werkzeugverschleiß wurde mit der Identifikationsmethode sicher ermittelt und in der Vorgabe der Sollwerttrajektorie berücksichtigt. Ein quantitativer Vergleich der Regelgüte zwischen ungeregeltem und geregeltem Prozess zeigte, dass der Einfluss von Werkzeugverschleiß und Materialinhomogenitäten auf die Prozesskraft durch die Regelung kompensiert wird.

7 Zusammenfassung und Ausblick

7.1 Zusammenfassung

Die Prozesskraft stellt eine wichtige Kenngröße zur technologischen und wirtschaftlichen Bewertung von Zerspanprozessen dar. Im Gegensatz zu den Zerspanbarkeitskriterien Spanform, Verschleiß und Werkstückoberfläche ist eine Erfassung der Zerspankraft bereits während des Prozesses gut möglich. Eine genaue Kenntnis und Regelung der Prozesskraft ist für das Betreiben von Zerspanprozessen an ihrer Leistungsgrenze unabdingbar.

Aus regelungstechnischer Sicht besteht die Herausforderung zur Prozesskraftregelung beim Fräsen in der Erfassung und Berücksichtigung des veränderlichen Übertragungsverhaltens der Regelstrecke. Das Übertragungsverhalten der Regelstrecke wird durch zunehmenden Werkzeugverschleiß, Härtegradienten oder Chargenschwankungen und insbesondere durch eine Veränderung der Eingriffsgrößen entlang der Werkzeugbahn beeinflusst. Im Stand der Erkenntnisse wurde gezeigt, dass bereits in den 1970er Jahren versucht wurde, mit adaptiven Regelungskonzepten eine Verbesserung der Regelgüte zu erzielen. Seitdem wurden verschiedene adaptive Regelungskonzepte im Forschungsumfeld umgesetzt, welche jedoch keine industrielle Relevanz erlangt haben. Den industriellen Stand der Technik stellen heute Optimierungssysteme dar, welche im CAM-System oder nachfolgend eine modellbasierte Bewertung und Adaption der Werkzeugbahn und der Prozessparameter vornehmen. Der entscheidende Nachteil resultiert aus der Unsicherheit bzgl. der angenommenen Modellparameter und Werkstoffkennwerte sowie dem unbekannten Verschleißzustand des Werkzeugs. Eine explizite Berücksichtigung der Eingriffsgrößen zur Verbesserung der Regelgüte wurde bisher nur bei wenigen Regelungskonzepten in Betracht gezogen.

Ziel der vorliegenden Arbeit war der Aufbau eines modellbasierten prädiktiven Regelungssystems zur Regelung der maximalen Prozesskraft beim Fräsen. Die Berücksichtigung von a-priori ermittelten Eingriffsgrößen sowie die Identifikation des Prozessübertragungsverhaltens während der Bearbeitung ermöglichten die Entwicklung eines Regelungssystems, welches unter technologischen und wirtschaftlichen Gesichtspunkten signifikante Vorteile gegenüber bestehenden Lösungen aufweist.

Eine Aufteilung der Regelstrecke in zwei separat zu beschreibende Übertragungsglieder erlaubt die getrennte Modellierung von Maschinen- und Prozessübertragungsverhalten. Im relevanten Lastbereich wurde für das Übertragungsverhalten der Vorschubantriebe ein totzeitbehaftetes, linear zeitinvariantes Übertragungsverhalten gefunden. Zur Beschreibung des verzögerungsfreien Zusammenhangs zwischen Vorschubgeschwindigkeit und Prozesskraft wurde ein Kraftmodell mit dem Ansatz von Kienzle genutzt. Für die Bestimmung der Modellparameter wurde eine Methodik vorgestellt, um die überlagerten Anteile der Zerspankraft getrennt zu bewerten und die Modellparameter somit für eine definierte Spanungsdicke zu bestimmen. Hiermit konnte die Gültigkeit des Modells für den relevanten Bereich der auftretenden Prozessparameter gezeigt werden. Für die Identifikation des Prozessübertragungsverhaltens während der Bearbeitung wurde eine Methode auf Basis der kleinsten Fehlerquadrate entwickelt. Diese wurde auf ihr Potenzial für die Nutzung bei der modellbasierten prädiktiven Kraftregelung untersucht und für hinreichend genau befunden.

Aufgrund des verzögerungsfreien Übertragungsverhaltens des Fräsprozesses wurde lediglich das totzeitbehaftete LZI-Übertragungsverhalten der Vorschubachsen im Modell des prädiktiven Reglers berücksichtigt. Damit ergab sich für den Regler die Aufgabe, einen vorgegebenen Geschwindigkeitsverlauf mit möglichst geringer Regelabweichung unter Einhaltung von prozessspezifischen Nebenbedingungen umzusetzen. Neben der Berücksichtigung von Begrenzungen der Stellgröße wurden Nebenbedingungen für die Ausgangsgröße ermittelt, um ein Überschreiten der Führungsgröße sicher zu verhindern. Hieraus ergab sich die Notwendigkeit der Entwicklung einer prozessspezifischen Kostenfunktion, welche eine signifikante Reduktion der Regelabweichung ermöglichte. Aufgrund des zeitvarianten Prozessübertragungsverhaltens und der daraus resultierenden zeitvarianten Sollwerttrajektorie der Vorschubgeschwindigkeit wurde diese positionsbasiert während der Bearbeitung aus den a-priori bestimmten Eingriffsgrößen und den identifizierten Modellparametern ermittelt. Zur Bestimmung einer für das Regelungssystem optimalen Referenztrajektorie aus der positionsbasierten Sollwertvorgabe wurde eine Methode mithilfe von adaptiven Filtern entwickelt. Bei der Validierung am Bearbeitungszentrum konnte gezeigt werden, dass die prozessspezifischen Anforderungen in Verbindung mit einer geringen Regelabweichung erfüllt werden.

Für die Validierung des Regelungssystems wurden zunächst Untersuchungen zur Bewertung von Regelgüte, Stabilität und Störverhalten durchgeführt. Dabei konnte festgestellt werden, dass das Regelungssystem nur unter unrealistischen Eingangsbedingungen in einen instabilen Zustand gebracht werden kann. Abschließend wurden zwei Bauteilgeometrien ausgewählt und mit dem Regelungssystem gefertigt. Hierbei konnte gezeigt werden, dass das entwickelte modellbasierte prädiktive Regelungssystem zur Regelung der Prozesskraft beim Fräsen signifikante Vorteile gegenüber den bisher entwickelten Regelungskonzepten aufweist. Insbesondere die sichere Vermeidung unzulässig hoher Regelabweichungen aufgrund wechselnder Eingriffsgrößen unter Berücksichtigung des verschleiß- und materialabhängigen Prozesszustandes qualifizieren das System für den Einsatz bei der Fertigung hochwertiger Bauteile in geringen Stückzahlen.

7.2 Ausblick

In der vorliegenden Arbeit wurde gezeigt, dass das entwickelte Regelungskonzept deutliche Vorteile und Potenziale gegenüber den bisher verfügbaren Systemen zur Regelung der Prozesskraft beim Fräsen aufweist.

Prozesstechnologisch sind die zukünftigen Herausforderungen in der Weiterentwicklung und Übertragung des Systems auf 5-Achs-Fräsprozesse zu sehen. Komplexe

Eingriffsgrößen, unterschiedliche Verschleißzustände entlang der Werkzeugschneide und variierende Schnittgeschwindigkeiten bei nicht zylinderförmigen Werkzeugen erfordern eine Weiterentwicklung des Prozesskraftmodells und insbesondere der Identifikationsmethoden zur Ermittlung der Modellparameter.

Aus Sicht der Messtechnik besteht die Notwendigkeit, Systeme für die Erfassung der Prozesskraft beim 5-Achs-Fräsen zu entwickeln. Bei der bauteilseitigen Kraftmessung wird neben der drahtlosen Datenübertragung auch die Kompensation statischer und dynamischer Kräfte, welche sich aus der Bewegung der Messeinrichtung im Raum ergeben, erforderlich. Hohe Zahneingriffsfrequenzen durch steigende Schnittgeschwindigkeiten bei der Verwendung von Hochleistungswerkzeugen und -schneidstoffen bewirken eine dynamische Anregung des Messsystems. Seit der Entwicklung der ersten piezoelektrischen Kraftmesssysteme für die Zerspankraftmessung sind keine herausragenden Verbesserungen im dynamischen Übertragungsverhalten der Messsysteme zu verzeichnen.

Für die Integration einer Prozessregelung in die Fertigung von sicherheitskritischen Komponenten, z. B. im Flugzeug- und Triebwerksbau, wird es erforderlich, weitere Regel- und Stellgrößen einzubeziehen. Für die Berücksichtigung von im Prozess nicht direkt messbaren Regelgrößen wie z. B. der Temperatur in der Zerspanzone ist die Entwicklung von modellbasierten Sensoren voranzutreiben. Unerwünschte Schwingungen von Werkzeug und Werkstück gilt es durch eine gezielte Beeinflussung der anregenden Frequenz zu verhindern. Aus Sicht der Regelungstechnik ergibt sich daher der Bedarf nach einer Erweiterung auf ein Mehrgrößensystem. Hieraus folgt die Forderung nach der Entwicklung geeigneter Methoden zur Berechnung der prozessspezifischen Referenztrajektorie sowie zur Formulierung des Optimierungsproblems.

Summary and Outlook

Summary

The process force is a key parameter in evaluating milling processes from a technological and economical point of view. In contrast to the evaluating criteria chip form, tool wear and surface roughness a measurement of the process force is already possible during the process. Having detailed knowledge and controlling the process force is essential for running manufacturing processes at their maximum limit.

From a control theory point of view, the challenge for the closed-loop control in milling processes is the detection and consideration of the changing behavior of the controlled system. The transfer behavior of the controlled system is influenced by increasing tool wear, hardness gradient, batch variations and especially changing engagement conditions along the tool path. In the “state-of-the-art” it has been described that as early as in the 1970s first attempts with adaptive control systems were developed in order to increase control accuracy. Since then, many adaptive control concepts have been developed and implemented in the research environment, but none of these has achieved relevance in industry. Today, the state-of-the-art in the industry are optimization procedures that allow a model-based evaluation or adaptation of the tool path and the process parameters in the CAM system or thereafter. The crucial disadvantage results from the uncertainty concerning the assumed model parameter, the characteristics of the material the work piece is made of, and the unknown tool wear state. With the already realized control systems, these effects have been taken into consideration. However, only a few control concepts have explicitly considered the engagement conditions in order to increase control accuracy.

The aim of the present work was the development and implementation of a model-based predictive control system for controlling the peak force in milling. The consideration of a-priori identified engagement conditions as well as the online identification of the process transfer behavior allowed the development of a control system with substantial technological and economic advantages over existing solutions.

Splitting the controlled system into two separately identifiable transmission elements allows the isolated modeling of machine and process transfer behavior. For the relevant range of load, a linear time invariant behavior with dead time has been determined for the feed system. A process force model based on the Kienzle equation has been used for the specification of the delay free relationship between feed velocity and process force. In order to determine the model parameter, a methodology has been developed to separately evaluate the superimposed components of the cutting force to estimate the model parameter only in case of an instantaneous chip thickness. As a result, it was possible to show the validity of the model for the relevant process parameters. To allow identification of the process transfer behavior online, a methodology based on the least squares method has been developed and proved to be accurate enough for the model-based predictive control system.

Due to the delay-free transfer behavior of the milling process, only the dead time affected, linear time invariant transfer behavior of the feed drives has been considered in the model of the predictive controller. Thereby, the objective of the controller was to realize the given velocity course with a minimum deviation maintaining the process specific constraints. Besides constraints for the manipulated variable, constraints for the controlled variable have been determined in order to avoid overshooting the desired value. As a result of the additional constraints, it became necessary to develop a process specific cost function that made a significant reduction of the control deviation possible. Due to the time variant process transfer behavior, the resulting reference trajectory for the feed rate is also time variant. Hence, based on the position, the reference trajectory had to be generated online from the a-priori determined engagement conditions and the identified model parameters. In order to determine the optimal reference trajectory from the position based desired values, a method with adaptive filters was developed. The validation on a machining center showed that the process specific demands were met with a small control deviation.

To validate the control system, trials for evaluating the control accuracy, stability and disturbance response have been performed. These showed that an unstable behavior of the control system could only be caused by unrealistic input conditions. Finally, two test geometries have been chosen and manufactured with the developed control system. It was possible to demonstrate that the developed model-based predictive control system to control the peak forces in milling has significant advantages over existing control systems. Especially the safe avoidance of unacceptably high control deviation resulting from changing engagement conditions is a significant improvement. Furthermore, the fact that the changing process state caused by tool wear and material properties has been taken into account, qualifies the system for the use in manufacturing high value added components in small lots.

Outlook

This work has shown that the developed control system has significant potentials as well as huge advantages over existing adaptive force control systems in milling.

From a technological point of view, future challenges can be found in the extension of the system to 5-axis machining processes. Complex engagement conditions, varying tool wear along the cutting edge, and variable cutting speed for non-cylindrical end mills require a further development of process force models and especially of the method to identify the process parameters.

From a measurement point of view it is necessary to develop systems for measuring the process force for 5-axis milling processes. Beside the wireless data transmission, static and dynamic disturbance forces, that result from the movement of the measurement system, have to be compensated. High tooth engagement frequencies due to increasing cutting speed using high performance tools and tool materials cause a dynamic excitation of the measurement system. Since the development of the first piezoelectric dynamometers for measuring the cutting forces, no significant improvements in the dynamic transfer behavior have been made.

Integrating a process control system in the manufacturing of safety critical components, e.g. in aviation and jet engine manufacturing, further controlled and manipulated variables have to be taken into account. As regards controlled variables which cannot be measured directly in the process, e.g. temperature in the cutting zone, the development of model-based sensors has to be enforced. Undesired tool and work piece vibrations have to be avoided by manipulating the exciting frequencies in a systematical way. From the control point of view, the need for extending the system to a multiple-input multiple-output system arises. As a consequence of this, the need for suitable methods for calculating the process specific reference trajectory as well as formulating the optimization problem arises.

8 Literaturverzeichnis

References

[ABEL06] Abel, D.; Bollig, A.: *Rapid Control Prototyping: Methoden und Anwendungen.* 1. Aufl. Berlin, Heidelberg: Springer, 2006

[ADAM14] Adamy, J.: *Nichtlineare Systeme und Regelungen.* 2., bearb. u. erw. Aufl. 2014. Berlin: Springer, 2014

[AHME15] Ahmed Sayed: *Home Blower Impeller.* URL https://grabcad.com/library/home-blower-impeller-1

[ALTI11] Altintas, Y.; Verl, A.; Brecher, C.; Uriarte, L.; Pritschow, G.: *Machine tool feed drives.* In: *CIRP Annals – Manufacturing Technology* 60 (2011), Nr. 2, S. 779-796

[ALTI12] Altintas, Y.: Manufacturing automation: Metal cutting mechanics, machine tool vibrations, and CNC design. 2nd ed. Cambridge, New York: Cambridge University Press, 2012

[ALTI14] Altintas, Y.; Kersting, P.; Biermann, D.; Budak, E.; Denkena, B.; Lazoglu, I.: *Virtual process systems for part machining operations.* In: *CIRP Annals – Manufacturing Technology* 63 (2014), Nr. 2, S. 585-605

[ALTI96] Altintas, Y.; Munasinghe, W. K.: Modular CNC design for intelligent machining, Part 2: Modular integration of sensor based milling process monitoring and control tasks. In: Transactions of the ASME 118 (1996), S. 514-521

[ARMA89] Armarego, E. J. A.; Deshpande, N. P.: Computerized predictive cutting models for forces in end-milling including eccentricity effects. In: CIRP Annals – Manufacturing Technology 38 (1989), Nr. 1, S. 45-49

[AUER15] Auerbach, T.; Gierlings, S.; Veselovac, D.; Seidner, R.; Kamps, S.; Klocke, F.: Concept for a technology assistance system to analyze and evaluate materials and tools for milling. In: Proceedings of ASME Turbo Expo 2015: Turbine Technical Conference and Exposition 6 (2015)

[BART93] Barthel, J. W.; Shin, Y. C.: Adaptive control of nonminimum phase processes with application to the end milling process. In: American Control Conference (1993), S. 2449-2454

[BEMP06] Bemporad, A.: Model predictive control design: New trends and tools. In: Proceedings of the 45th IEEE Conference on Decision & Control (2006), S. 6678-6683

[BRAN81] Brandstätter, A.: *Ein Adaptive-Control-Optimization-System für das Fräsen.* Berlin, Heidelberg: Springer, 1981

[BREC11a] BRECHER, C.: *Integrative Produktionstechnik für Hochlohnländer.* Berlin, Heidelberg: Springer, 2011

[BREC11b] BRECHER, C.; HERMES, R.; SITTE, B.: Virtualisierung der spanenden Bearbeitung in der Maschinenentwicklung und Prozessoptimierung (VispaB): Verbundprojekt im Rahmenkonzept „Management und Virtualisierung der Produktentstehung“ des Bundesministeriums für Bildung und Forschung (BMBF). Aachen: Apprimus Verl., 2011

[BREC11c] BRECHER, C.; KLOCKE, F.; BREITBACH, T.; DO-KHAC, D.; HEINEN, D.; KARLBERGER, A.; ROSEN, C.-J.: *A hybrid machining center for enabling new die manufacturing and repair concepts.* In: *Production Engineering* 5 (2011), Nr. 4, S. 405-413

[BREC12] BRECHER, C.: Integrative production technology for high-wage countries. Berlin, New York: Springer, 2012

[BREC14a] BRECHER, C.: Integrative Produktion: Industrie 4.0 – Aachener Perspektiven. Aachen: Shaker, 2014

[BREC14b] BRECHER, Christian (Hrsg.): Exzellenzcluster „Integrative Produktionstechnik für Hochlohnländer“: Perspektiven interdisziplinärer Spitzenforschung. 1. Aufl. Aachen: Apprimus Verl., 2014

[BUDA06] BUDAK, E.: Analytical models for high performance milling. Part I: Cutting forces, structural deformations and tolerance integrity. In: International Journal of Machine Tools and Manufacture 46 (2006), 12-13, S. 1478-1488

[BUDA96] BUDAK, E.; ALTINTAS, Y.; AMAREGO E. J. A.: Prediction of milling force coefficients from orthogonal cutting data. In: Transactions of the ASME 118 (1996), S. 216-224

[CENT64] CENTNER, R. M.: Final report on the development of an adaptive control technique for a numerically controlled milling machine. In: USAF Tech. Documentary Report (1964)

[CHAR01] CHARBONNAUD, P.; CARRILLO, F.; LADEVÈZE, D.: *Monitored robust force control of a milling process.* In: *Control Engineering Practice* 9 (2001), Nr. 10, S. 1047-1061

[CLAR87] CLARKE, D. W.: Generalized predictive control: A robust self-tuning algorithm. In: American Control Conference (1987), S. 990-995

[CUS11] CUS, F.; ZUPERL, U.; BALIC, J.: Combined feedforward and feedback control of end milling system. In: Journal of Achievements in Materials and Manufacturing Engineering 45 (2011), Nr. 1, S. 79-88

[DENK12] DENKENA, B.; FLÖTER, F.: Adaptive cutting force control on a milling machine with hybrid axis configuration. In: Procedia CIRP 4 (2012), S. 109-114

[DIN6580] Norm DIN 6580. Oktober 1985. Begriffe der Zerspantechnik – Bewegungen und Geometrie des Zerspanvorganges

[DIN6584] Norm DIN 6584. Oktober 1982. Begriffe der Zerspantechnik – Kräfte, Energie, Arbeit, Leistungen

[DIN8580] Norm DIN 8580. September 2003. Fertigungsverfahren – Begriffe, Einteilung

[DIN60050] Norm DIN IEC 60050-351. September 2014. Internationales Elektrotechnisches Wörterbuch – Teil 351: Leittechnik

[DITT04] DITTMAR, R.: Modellbasierte prädiktive Regelung: Eine Einführung für Ingenieure. 1. Aufl. München: Oldenbourg, 2004

[ELBE87] ELBESTAWI, M.; SAGHERIAN, R.: Parameter adaptive control in peripheral milling. In: International Journal of Machine Tools and Manufacture 27 (1987), Nr. 3, S. 399-414

[ERKO01] ERKORKMAZ, K.; ALTINTAS, Y.: High speed CNC system design. Part I: Jerk limited trajectory generation and quintic spline interpolation. In: International Journal of Machine Tools and Manufacture 41 (2001), Nr. 9, S. 1323-1345

[ERKO13] ERKORKMAZ, K.; LAYEGH, S. E.; LAZOGLU, I.; ERDIM, H.: Feedrate optimization for freeform milling considering constraints from the feed drive system and process mechanics. In: CIRP Annals – Manufacturing Technology 62 (2013), Nr. 1, S. 395-398

[EVER06] EVERSHEIM, W.; PFEIFER, T.; WECK, M.: 100 Jahre Produktionstechnik: Werkzeugmaschinenlabor WZL der RWTH Aachen von 1906 bis 2006. Berlin, New York: Springer, 2006

[FERR14] FERREAU, H. J.; KIRCHES, C.; POTSCHKA, A.; BOCK, H. G.; DIEHL, M.: *qpOASES: A parametric active-set algorithm for quadratic programming.* In: *Mathematical Programming Computation* 6 (2014), Nr. 4, S. 327-363

[FORB15] FORBES, M. G.; PATWARDHAN, R. S.; HAMADAH, H.; GOPALUNI, R. B.: *Model predictive control in industry: Challenges and opportunities.* In: *IFAC-PapersOnLine* 48 (2015), Nr. 8, S. 531-538

[FU15] FU, Z.; YANG, W.; WANG, X.; LEOPOLD, J.: Analytical modelling of milling forces for helical end milling based on a predictive machining theory. In: Procedia CIRP 31 (2015), S. 258-263

[FUSS88] FUSSELL, B. K.; SRINIVASAN, K.: Model reference adaptive conrol of force in end milling operations. In: American Control Conference (1988), S. 1189-1194

[GAUS09] GAUSEMEIER, J. (Hrsg.); RAMMIG, F. J. (Hrsg.); ADELT, P. (Hrsg.): Selbstoptimierende Systeme des Maschinenbaus: Definitionen, Anwendungen, Konzepte; Sonderforschungsbereich 614 „Selbstoptimierende Systeme des Maschinenbaus". 1. Aufl. Paderborn: Univ. Paderborn Heinz Nixdorf Institut, 2009 (HNI-Verlagsschriftenreihe 234)

[GIER15] GIERLINGS, S.: *Model-based temperature monitoring for broaching safety-critical aero engine components.* Aachen: Apprimus Verl., 2015 (Ergebnisse aus der Produktionstechnik Band 31/2015)

[HEES15] HEESCHEN, D.: *Kennzahlenbasierte Auswahl der Fertigungstechnologien und -ressourcen im industriellen Werkzeugbau.* Aachen: Apprimus Verl., 2015 (Ergebnisse aus der Produktionstechnik Band 18/2015)

[HSIE92] HSIEH, M.-Y.; HSU, P.-L.: Self-tuning control of the milling cutting process in industrial CNC machines. In: First IEEE Conference on Control Applications (1992), S. 382-387

[HUBE68] HUBER, J.; CENTNER, R.: Test results with an adaptively controlled milling machine. In: ASTME technical paper (1968)

[ISER07] ISERMANN, R.: *Mechatronische Systeme: Grundlagen.* 2., vollständig neu bearb. Aufl. Berlin, Heidelberg: Springer, 2007

[ISER87] ISERMANN, R.: *Digitale Regelsysteme.* 2. Aufl. Berlin: Springer, 1987

[ISER92] ISERMANN, R.: *Identifikation dynamischer Systeme.* 2., neubearb. u. erw. Aufl. Berlin: Springer, 1992 (Springer-Lehrbuch)

[JOHN15] JOHN SAHOV: *Mold core.* URL https://grabcad.com/library/mold-core-1

[KAO15] KAO, Y.-C.; NGUYEN, N.-T.; CHEN, M.-S.; HUANG, S.-C.: A combination method of the theory and experiment in determination of cutting force coefficients in ball-end mill processes. In: Journal of Computational Design and Engineering 2 (2015), Nr. 4, S. 233-247

[KAPP79] KAPPEN, N.: *Entwicklung und Einsatz einer direkten digitalen Grenzregelung für eine Fräsmaschine mit CNC.* Berlin: Springer, 1979 (Berichte aus dem Institut für Steuerungstechnik der Werkzeugmaschinen und Fertigungseinrichtungen der Universität Stuttgart 22)

[KIEN52] KIENZLE, O.; VICTOR, H.: Die Bestimmung von Kräften und Leistungen an spanenden Werkzeugen und Werkzeugmaschinen. In: VDI-Z 94 (1952), 11/12, S. 299-305

[KLIN82a] KLINE, W. A.; DEVOR, R. E.; LINDBERG, J. R.: The prediction of cutting forces in end milling with application to cornering cuts. In: International Journal of Machine Tool Design and Research 22 (1982), Nr. 1, S. 7-22

[KLIN82b] KLINE, W. A.; DEVOR, R. E.; SHAREEF, I. A.: *The prediction of surface accuracy in end milling.* In: *Transactions of the ASME* 104 (1982), S. 272-278

[KLIN83] KLINE, W. A.; DEVOR, R. E.: The effect of runout on cutting geometry and forces in end milling. In: International Journal of Machine Tool Design and Research 23 (1983), 2/3, S. 123-140

[KLOB07] KLOBASA, I.: *Analytische Berechnung der Flankengestalt beim Nutenfräsen.* Garbsen: PZH, Produktionstechn. Zentrum, 2007 (Berichte aus dem IFW Band 6/2007)

[KLOC07] KLOCKE, F.; KÖNIG, W.: *Fertigungsverfahren: Drehen, Fräsen, Bohren.* 8. Aufl. Berlin: Springer, 2007 (Band 1)

[KOLA90] KOLARITS, F. M.; DEVRIES, W. R.: Adaptive pole placement force control of end milling. In: American Control Conference (1990), S. 1115-1121

[KRAT11] KRATZ, S.: *Position-oriented vibration monitoring of finish milling thin-walled components.* Aachen: Apprimus Verl., 2011 (Ergebnisse aus der Produktionstechnik Band 4/2011)

[KRÜG14] KRÜGER, M.: *Modellbasierte Online-Bewertung von Fräsprozessen.* Garbsen: PZH, Produktionstechn. Zentrum, 2014 (Berichte aus dem IFW Band 07/2014)

[KURT11] KURT, M.; BAGCI, E.: Feedrate optimisation/scheduling on sculptured surface machining: A comprehensive review, applications and future directions. In: The International Journal of Advanced Manufacturing Technology 55 (2011), 9-12, S. 1037-1067

[LAND00] LANDERS, R. G.; ULSOY, G. A.: Model-based machining force control. In: Journal of Dynamic Systems, Measurement and Control 122 (2000), S. 521-527

[LAUD88] LAUDERBAUGH, L. K.; ULSOY, A. G.: Dynamic modeling for control of the milling process. In: Journal of Engineering for Industry 110 (1988), S. 367-375

[LAUD89] LAUDERBAUGH, L. K.; ULSOY, A. G.: Model reference adaptive force control in milling. In: Journal of Engineering for Industry 111 (1989), Nr. 1, S. 13-21

[LAYE14] LAYEGH K., S. E.; LAZOGLU, I.: A new identification method of specific cutting coefficients for ball end milling. In: Procedia CIRP 14 (2014), S. 182-187

[LIAN04] LIANG, S. Y.; HECKER, R. L.; LANDERS, R. G.: Machining process monitoring and control: The state-of-the-art. In: Journal of Manufacturing Science and Engineering 126 (2004), Nr. 2, S. 297

[LING90] LINGARKAR, R.; LIU, L.; ELBESTAWI, M. A.; SINHA, N. K.: Knowledge-based adaptive computer control in manufacturing systems: A case study. In: IEEE Transactions on Systems, Man and Cybernetics 20 (1990), Nr. 3, S. 606-618

[LIU99] LIU, Y.; WANG, C.: Neural network based adaptive control and optimisation in the milling process. In: The International Journal of Advanced Manufacturing Technology 15 (1999), S. 791-795

[MACI02] MACIEJOWSKI, J. M.: *Predictive control with constraints.* Harlow, New York: Prentice Hall, 2002

[MART41] MARTELLOTTI, M. E.: An analysis of the milling process. In: Transactions of the ASME 63 (1941), S. 677-700

[MAYN00] MAYNE, D. Q.; RAWLINGS, J. B.; RAO, C. V.; SCOKAERT, P.: *Constrained model predictive control: Stability and optimality.* In: *Automatica* 36 (2000), Nr. 6, S. 789-814

[MEHT11] MEHTA, P.; MEARS, L.: Model based prediction and control of machining deflection error in turning slender bars. In: Proceedings of the ASME 2011 International Manufacturing Science and Engineering Conference (2011), S. 263-271

[MEIN09] MEINECKE, M.: *Prozessauslegung zum fünfachsigen zirkularen Schruppfräsen von Titanlegierungen.* Aachen: Apprimus Verl., 2009 (Ergebnisse aus der Produktionstechnik Band 12/2009)

[MINO13] MINOUFEKR, M.; GLASMACHER, L.; ADAMS, O.: Macroscopic simulation of multi-axis machining processes. In: ICINCO 2013 – Procedings of the 10th International Conference on Informatics in Control, Automation and Robot 2 (2013), S. 505-516

[MINO15] MINOUFEKR, M.: *Macroscopic simulation of multi-axis machining processes.* Aachen: Apprimus Verl., 2015 (Ergebnisse aus der Produktionstechnik Band 12/2015)

[MOHA88] MOHAMED, Y.; LIU, L.; ELBESTAWI, M.; SINHA, N. K.: Intelligent control for computer integrated manufacturing. In: Proceedings of the 27th Conference on Decision and Control (1988), S. 2314-2321

[MOMM79] MOMMERTZ, K. H.; ALLWANG, K.: *Von Bohren, Drehen und Fräsen: Zur Kulturgeschichte der Werkzeugmaschinen.* München, 1979 (Kulturgeschichte der Naturwissenschaften und der Technik 5)

[MORA99] MORARI, M.; LEE, J. H.: Model predictive control: Past, present and future. In: Computers & Chemical Engineering 23 (1999), 4-5, S. 667-682

[MÜLL76] MÜLLER, W.: Ein Beitrag zur Entwicklung von Sensoren für adaptive Regelungssysteme bei spanenden Werkzeugmaschinen. Aachen: Eigendruck TH Aachen, 1976

[NOLZ95a] NOLZEN, H.; ISERMANN, R.: Adaptive control of the cutting power for milling operation. In: Proceedings of the American Control Conference (1995), S. 2185-2189

[NOLZ95b] NOLZEN, H.; ISERMANN, R.: Fast adaptive cutting force control for milling operation. In: Proceedings of the 4th IEEE Conference on Control Applications (1995), S. 760-765

[NOLZ97] NOLZEN, H.: *Parameteradaptive Regelung von Fräsprozessen.* Düsseldorf: VDI-Verlag, 1997 (Fortschritt-Berichte / VDI Mess-, Steuerungs- und Regelungstechnik Nr. 623)

[NOUR13] NOURI, M.; FUSSEL, B. K.: Real-time milling force control and tool wear monitoring using constraint-based feedrates. In: Proceedings of NAMRI/SME 41 (2013)

[NOUR15] NOURI, M.; FUSSELL, B. K.; ZINITI, B. L.; LINDER, E.: Real-time tool wear monitoring in milling using a cutting condition independent method. In: International Journal of Machine Tools and Manufacture 89 (2015), S. 1-13

[PIEN92] PIEN, P.-Y.; TOMIZUKA, M.: Adaptive force control of two dimensional milling. In: American Control Conference (1992), S. 399-403

[POTH11] POTHEN, M.; MINOUFEKR, M.; HUWER, T.; GLASMACHER, L.: *Einsatz des Software-Programms „NCProfiler" im Werkzeug und Formenbau.* In: *wt-online* 101 (2011), 11/12, S. 724-729

[QIN05] QIN, Y.; PARK, S. S.: Robust adaptive control of machining operations. In: proceedings of the IEEE International Conference on Mechatronics & Automation (2005), S. 975-979

[RAU03] RAU, M.: Nichtlineare modellbasierte prädiktive Regelung auf Basis lernfähiger Zustandsraummodelle, 2003 (Dissertation Technische Universität München)

[REIT14] REITER, M.; STEMMLER, S.; HOPMANN, C.; RESSMANN, A.; ABEL, D.: Model predictive control of cavity pressure in an injection moulding process. In: 19th IFAC World Congress. Preprints of the 19th World Congress (2014), S. 4358-4363

[REKE15] REKERS, S.; ADAMS, O.; VESELOVAC, D.; KLOCKE, F.: Experimental identification of cutting force coefficients for finish-milling operations considering the sensor's transmissibility. In: Proceedings of ASME Turbo Expo 2015: Turbine Technical Conference and Exposition (2015)

[RICH02] RICHARDS, N. D.; FUSSEL, B. K.; JERARD, R. B.: Efficient NC machining using off-line optimized feedrates and on-line adaptive control. In: Proceedings of IMECE2002 ASME International Mechanical Engineering Congress & Exposition (2002)

[ROBE96] ROBER, S. J.; SHIN, Y. C.: Control of cutting force for end milling processes using an extended model reference adaptive control scheme. In: Journal of Manufacturing Science and Engineering 118 (1996), S. 339-347

[ROSS03] ROSSITER, J. A.: *Model-based predictive control: A practical approach.* Boca Raton: CRC Press, 2003 (Control series)

[RUBI07a] RUBIO, L.; DE LA SEN, M.; BILBAO-GUILLERNA, A.: Discrete-time adaptive control of milling forces using fractional order holds by on-line adjustment of the correcting gain. In: Proceedings of the 16th IEEE International Conference on control Applications (2007), S. 1330-1335

[RUBI07b] RUBIO, L.; DE LA SEN, M.; BILBAO-GUILLERNA, A.: Discrete-time model reference control schemes of milling forces using fractional order holds. In: Proceedings of the 33rd Annual Conference of the IEEE Industrial Electronics Society (IECON) (2007), S. 798-803

[RUDO14] RUDOLF, T. M.: Adaptierbare Parametrierung von Diagnosesystemen durch Verwendung digitaler Antriebssignale in der Prozessüberwachung. Aachen: Apprimus Verl., 2014 (Ergebnisse aus der Produktionstechnik Band 18/2014)

[SCHE79] SCHENKE, L.: Auslegung einer technologisch-geometrischen Grenzregelung für die Fräsbearbeitung: Springer, 1979

[SCHM11] SCHMIDT, C.: *Einflussgrößensensitive Simulation und Überwachung von Fräsprozessen.* Garbsen: PZH, Produktionstechn. Zentrum, 2011 (Berichte aus dem IFW Band 03/2011)

[SCHU15] SCHUG, P.: *Modellierung, Bewertung, Analyse und Optimierung von CAx-Prozessketten.* Aachen: Apprimus Verl., 2015 (Ergebnisse aus der Produktionstechnik Band 29/2015)

[SPEN91] SPENCE, A.; ALTINTAS, Y.: CAD assisted adaptive control for milling. In: Transactions of the ASME 113 (1991), S. 444-450

[SPEN94] SPENCE, A. D.; ALTINTAS, Y.: A solid modeller based milling process simulation and planning system. In: Journal of Engineering for Industry 116 (1994), Nr. 1, S. 61

[SPUR14] Spur, Günter (Hrsg.): *Edition Handbuch der Fertigungstechnik: Handbuch Spanen.* 2. Aufl. München: Hanser, 2014

[SPUR79] Spur, G.: *Produktionstechnik im Wandel.* München, Wien: Hanser, 1979

[SPUR91] Spur, G.: Vom Wandel der industriellen Welt durch Werkzeugmaschinen: Eine kulturgeschichtliche Betrachtung der Fertigungstechnik. München: Hanser, 1991

[STAV13] Stavropoulos, P.; Chantzis, D.; Doukas, C.; Papacharalampopoulos, A.; Chryssolouris, G.: *Monitoring and control of manufacturing processes: A review.* In: *Procedia CIRP* 8 (2013), S. 421-425

[STEM15a] Stemmler, S.; Abel, D.; Adams, O.; Klocke, F.: Selbstoptimierende Produktionssysteme: Einsatz modellbasierter prädiktiver Regelung. In: atp-edition 57 (2015), Nr. 11, S. 68-74

[STEM15b] Stemmler, S.; Abel, D.; Adams, O.; Klocke, F.: Modellprädiktive Regelung als Baustein selbstoptimierender Produktionssysteme: Automation 2015: Benefits of Change – the Future of Automation. In: VDI-Berichte 2258 (2015), S. 637-648

[STUT75] Stute, G.; Goetz, F. R.: Adaptive control system for variable gain in ACC systems. In: Proceedings of the sixteenth International Machine Tool Desgin and Research Conference (1975), S. 117-121

[SUN11] Sun, Y.; Guo, Q.: Numerical simulation and prediction of cutting forces in five-axis milling processes with cutter run-out. In: International Journal of Machine Tools and Manufacture 51 (2011), 10-11, S. 806-815

[TAND01] Tandon, V.; El-Mounayri, H.: A novel artificial neural networks force model for end milling. In: The International Journal of Advanced Manufacturing Technology 18 (2001), Nr. 10, S. 693-700

[THOM53] Thomsen, E. G.; Lapsley, J. T.; Grassi, R. C.: Deformation work absorbed by the workpiece during metal cutting. In: Transactions of the ASME 45 (1953), S. 591-603

[TLUS75] Tlusty, J.; MacNeil, P.: Dynamics of cutting forces in end milling. In: CIRP Annals – Manufacturing Technology 24 (1975), Nr. 1, S. 21-26

[TLUS77] Tlusty, J.; Elbestawi, M. A. A.: Analysis of transients in an adaptive control servomechanism for milling with constant force. In: Transactions of the ASME (1977), S. 766-772

[TOMI83] Tomizuka, M.; Oh, J. H.; Dornfeld, D. A.: Model reference adaptive control of the milling process. In: Proceedings of the Symposium on

Manufacturing Process and Robotic Systems, ASME Winter Annual Meeting (1983), S. 55-63

[TUKO11] TUKORA, B.; SZALAY, T.: Real-time determination of cutting force coefficients without cutting geometry restriction. In: International Journal of Machine Tools and Manufacture 51 (2011), Nr. 12, S. 871-879

[UNBE11] UNBEHAUEN, H.: *Regelungstechnik.* 7., korr. Aufl. Wiesbaden: Vieweg + Teubner, 2011 (Studium)

[WALZ92] WALZ, T.: *Zerspanleistungsregelung beim Fräsen.* München, Wien: Hanser, 1992 (Darmstädter Forschungsberichte für Konstruktion und Fertigung)

[WAN07] WAN, M.; ZHANG, W. H.; QIN, G. H.; TAN, G.: Efficient calibration of instantaneous cutting force coefficients and runout parameters for general end mills. In: International Journal of Machine Tools and Manufacture 47 (2007), Nr. 11, S. 1767-1776

[WAN09a] WAN, M.; ZHANG, W.-H.: Systematic study on cutting force modelling methods for peripheral milling. In: International Journal of Machine Tools and Manufacture 49 (2009), Nr. 5, S. 424-432

[WAN09b] WAN, M.; ZHANG, W.-H.; DANG, J.-W.; YANG, Y.: New procedures for calibration of instantaneous cutting force coefficients and cutter runout parameters in peripheral milling. In: International Journal of Machine Tools and Manufacture 49 (2009), Nr. 14, S. 1144-1151

[WATA82] WATANABE, T.; IWAI, S.: A geometric adaptive control system to improve the accuracy of finished surfaces generated by milling operations. In: Proceedings of the Symposium on Measurement and Control for Batch Manufacturing, ASME Winter Annual Meeting (1982), S. 121-134

[WECK06a] WECK, M.: *Werkzeugmaschinen: Automatisierung von Maschinen und Anlagen.* 6., neu bearb. Aufl. Düsseldorf: VDI-Verl., 2006 (Band 4)

[WECK06b] WECK, M.; BRECHER, C.: *Werkzeugmaschinen: Mechatronische Systeme, Vorschubantriebe und Prozessdiagnose.* 6., neu bearb. Aufl. Berlin: Springer, 2006 (Band 3)

[WOJC15] WOJCIECHOWSKI, S.: The estimation of cutting forces and specific force coefficients during finishing ball end milling of inclined surfaces. In: International Journal of Machine Tools and Manufacture 89 (2015), S. 110-123

[YAN10] YAN, X.; TAO, H.; ZHANG, D.; WU, B.: Chip thickness analysis based on tooth trajectory for different end milling processes. In: Proceedings of the International Conference on Manufacturing Automation (2010), S. 133-138

[YOHA13] YOHANNES, B.: *Industrielle Prozessüberwachung für die Kleinserienfertigung.* Garbsen: PZH, Produktionstechn. Zentrum, 2013 (Berichte aus dem IFW Band 3/2013)

[ZUPE04] ZUPERL, U.; CUS, F.: Tool cutting force modeling in ball-end milling using multilevel perceptron. In: Journal of Materials Processing Technology 153-154 (2004), S. 268-275

[ZUPE06] ZUPERL, U.; CUS, F.; KIKER, E.: *Intelligent adaptive cutting force control in end-milling.* In: *TEHNIČKI VJESNIK* (2006), Nr. 13, S. 15-22

In der Reihe **Ergebnisse aus der Produktionstechnik** zuletzt erschienen:

Salmen, Michael:
Gestaltungsmodell für den digital vernetzten Shopfloor im Werkzeugbau
ISBN: 978-3-86359-479-4
Erscheinungsdatum: 27.01.2017

Schumacher, Sven:
Risikomanagement für die qualitätsorientierte Entwicklung industrieller Dienstleistungen
ISBN: 978-3-86359-488-6
Erscheinungsdatum: 13.01.2017

Sommer, Martin:
Produktbaukastengerechte Organisationsstrukturen
ISBN: 978-3-86359-484-8
Erscheinungsdatum: 16.12.2016

Hollstegge, Daniel:
Process-Induced Changes in Optical Properties of Precision Molded Glass Lenses
ISBN: 978-3-86359-474-9
Erscheinungsdatum: 16.12.2016

Gerlach, Max:
Leistungsstaffelung in Produktprogrammen
ISBN: 978-3-86359-478-7
Erscheinungsdatum: 16.12.2016

von Hebel, Sabrina:
Komplexitätskostenrelevante Ursache-Wirkungs-Beziehungen im Werkzeugbau bei Stanz- und Umformwerkzeugen
ISBN: 978-3-86359-473-2
Erscheinungsdatum: 12.12.2016

Schröder, Malte:
Klassifikation von Fehlerereignissen in produzierenden Unternehmen zur Erfüllung von Analysefunktionen im Anlauf
ISBN: 978-3-86359-469-5
Erscheinungsdatum: 30.11.2016

Thiermann, Janis:
Abrichten von Schleifscheiben für das Hochgeschwindigkeitsschleifen
ISBN: 978-3-86359-471-8
Erscheinungsdatum: 28.11.2016

Flore, Jakob:
Optimierung der Genauigkeit fünfachsiger Werkzeugmaschinen
ISBN: 978-3-86359-472-5
Erscheinungsdatum: 28.11.2016

Schenk, Friedrich Walter:
Hochdurchsatz-Mikroskopie von Mikrotiterplatten auf Basis einer kontinuierlichen Objektbewegung
ISBN: 978-3-86359-464-0
Erscheinungsdatum: 11.11.2016

Edition Wissenschaft
Apprimus

Spöcker, Gunter:

Modular Programming of Adaptive CAx Manufacturing Process Chains

ISBN: 978-3-86359-462-6
Erscheinungsdatum: 07.11.2016

Müller, Frank:

Methoden zur Charakterisierung von Werkzeugschnittstellen unter statischer Last

ISBN: 978-3-86359-426-8
Erscheinungsdatum: 17.10.2016

Keitzel, Gunnar:

Präventive Parameteranpassung zur Sicherstellung des Spanabtransports beim Einlippentiefbohren

ISBN: 978-3-86359-449-7
Erscheinungsdatum: 27.09.2016

Sari, Deniz:

Leistungssteigerung des Fertigwälzfräsens unter Berücksichtigung der fertigungsbedingten Bauteileigenschaften

ISBN: 978-3-86359-447-3
Erscheinungsdatum: 18.08.2016

Lüdtke, Bastian:

Lösungsraum-Steuerung in der Produktentwicklung

ISBN: 978-3-86359-443-5
Erscheinungsdatum: 11.08.2016

Stoffel, Markus:

V-Modell zur Auslegung großer Produktionsnetzwerke

ISBN: 978-3-86359-459-6
Erscheinungsdatum: 26.10.2016

Adams, Oliver:

Modellbasierte prädiktive Kraftregelung beim Fräsen

ISBN: 978-3-86359-455-8
Erscheinungsdatum: 17.10.2016

Weiß, Markus:

Einfluss der Spezifikation mehrschichtiger CBN-Schleifwerkzeuge auf das Schleifprozessverhalten

ISBN: 978-3-86359-448-0
Erscheinungsdatum: 13.09.2016

Staudt, Julian:

Funktionsgerechte Bearbeitung von Verzahnungen durch Freiformfräsen

ISBN; 978-3-86359-450-3
Erscheinungsdatum: 18.08.2016

Fürtjes, Tobias:

Echtzeitfähige Machine-Vision-Systeme zur Qualitätssicherung im Faserverbundleichtbau

ISBN: 978-3-86359-439-8
Erscheinungsdatum: 03.08.2016

Edition Wissenschaft
Apprimus

FSC
www.fsc.org
MIX
Papier | Fördert
gute Waldnutzung
FSC® C083411

Kolibri 360 GmbH
Ferdinand-Jühlke-Straße 7
99095 Erfurt, Deutschland
produktsicherheit@kolibri360.de